中公新書 2697

千々和泰明著

戦後日本の安全保障

日米同盟、憲法9条からNSCまで

中央公論新社刊

はしがき

近年の中国の急速な台頭や、アメリカの対外関与の後退という長期的趨勢《すうせい》を前に、日本がアメリカの圧倒的な軍事的優位にもとづく国際秩序のなかで安住できた時代は、今や過去のものとなりつつある。そしてまさに本書執筆中の二〇二二年二月二四日、日本の近隣大国でもあるロシアが、国際法を公然と破って独立国ウクライナへの侵略戦争を開始した。そうしたなかで、日本が安全保障問題に関して地域や世界で担うべき責任は重みを増している。

直面する問題の所在を見きわめ、目的を設定し、それを達成するための最適な手段を立てて実行に移す。他の政策領域と同じく、これが本来安全保障政策の基本である。そしてそのために、同盟、法体系、指針、組織といった、様々な仕組みが用意され、安全保障体制が構築されている。

ところが、「戦後日本の安全保障」という領域では、課題解決のための合理的な体制づくりが容易ではない。

たとえば、従来憲法違反とされてきた集団的自衛権（自国と密接な関係にある他国への攻撃に対する自衛権）の行使を、限定的にではあれ容認した二〇一五年の平和安全法制（安保法制）の成立過程を思い出してみよう。国会での激しい論戦のみならず、社会的な反対運動のうねりは、いまだに多くの人びとの脳裏に焼きついているはずである。日本の場合、現にある安全保障の仕組みは、なかなか変えることができないし、変えようとすると、大きな反発に見舞われる。そのことが改めて白日の下にさらされたといえよう。

その原因として多くの人がイメージするのが、憲法第九条の存在であろう。しかし、憲法第九条を変えれば問題がすべて解決するわけではない。逆に、第九条を変えなければ何も解決しないというわけでもない。

実は戦後日本の安全保障をめぐって、憲法第九条の制約とともに、必ずしも同条のみに還元できない問題がある。そのような問題として、本書では次の二つを取り上げたい。

第一に、同盟や地域など外部との関わりにおいて見られるものである。日本と日本以外、あるいは日米同盟とそれ以外のあいだで無理に線引きすることによって、安全保障の仕組みが現実と調和したものになりにくい、という問題である。

戦後一貫して日本が安全保障の基軸としてきた日米安全保障条約は、アメリカが日本を守る代わりに、日本がアメリカに基地を貸す、という約束である。ただアメリカ軍は日本の基地を、日本防衛だけでなく、日本以外の「極東」有事のためにも使用できる。のみならず、「朝鮮有事の場合には、在日米軍は日本政府と事前に協議することなく直接紛争に軍事介入できる」とする日米両政府間の「密約」が存在したことすら明らかになっている。これらの事実を不気味に感じ、日米安保条約にわだかまりを持つ日本人は少なくないであろう。そのため同条約をめぐって重視されてきたのが、日本に対する攻撃が起こった場合以外での在日米軍の行動に対して、いかに制約をかけるかであった。

しかし、日米同盟が日本以外の極東とつながりを持っていることは、実は不気味でも何でもない。むしろそれこそが、この同盟の本質なのである。そうだとすると、外との線引きが、日本が置かれている国際的な環境とそぐわず、結果として日本自身の安全にもプラスにならない可能性がある。

第二に、国内の体制に関し、一度つくった仕組みにしばられる、という問題である。平和安全法制をめぐる議論でも顕著なように、集団的自衛権の行使をめぐっては、立憲主義に反するか否かが論点となってきた。

しかし実は「集団的自衛権行使違憲論」とは、今から半世紀以上前の一九五〇年代に、生まれたばかりの自衛隊の合憲性を守るために集団的自衛権を「捨て石」としたものでしかなかった。

このように、ある一時期の試行錯誤の結果、間に合わせでつくられた仕組みが、その後の安全保障政策を長く拘束している例が見られる。

本書は戦後日本の安全保障を考えるうえで不可欠な「五大トピック」を選んで、これらの問題をひもといていく。第1章から第5章でそれぞれ取り上げるのは、時代順に、五〇年代に形成された「日米安保条約」、「憲法第九条」(をめぐる解釈)、七〇年代に生まれた「防衛大綱(防衛計画の大綱)」、「ガイドライン(日米防衛協力のための指針)」、そして二〇一〇年代につくられた「NSC(国家安全保障会議)」である。かつ、各トピックを歴史的視点から論じていく。

戦後日本の安全保障というテーマで、日米安保条約および憲法第九条を取り上げる必要性について議論の余地はない。また国連PKO(平和維持活動)や「テロとの戦い」への自衛隊の参加のような国際平和協力についても、第九条を扱う章のなかで触れる。

ところで、憲法第九条は、政府解釈によると日本が「自衛のための必要最小限の実力」を保持することを認めている。では、同条の下で保持できる実力とは具体的に何を指すのか。それを定めるのが、閣議決定文書である防衛大綱である。つまり防衛大綱のなかに、自衛隊が、どれくらいの人員とどのような装備をそろえるのか、そしてそれはどのような考え方(防衛構想)にもとづいているのかといった、具体的な姿が表されている。

そして、防衛大綱といわば「車の両輪」のような関係にあるのが、日米両政府間で策定されるガイドラインである。日米安保条約が、日米両国の同盟関係をうたっているのに対し、ガイドラインは同条約の下で、同盟関係を支える自衛隊とアメリカ軍のあいだの具体的な防衛協力について定めている。日米安保条約が「仏像」であるとすれば、ガイドラインによって仏像に「魂」が吹き込まれた、という言い方もなされる。

さらに近年、安全保障政策の「司令塔」として創設されたNSCの存在は無視できない。安全保障課題への対応は、もはや防衛省のような一官庁の所管にとどまらない。内閣主導の下で、政府全体による取り組みが求められている。実際に防衛大綱やガイドライン、そして「国家安全保障戦略」も、NSCが策定を主導している。また、NSCの制度設計は、日本の安全保障政策の基本、すなわち、軍事に対する政治優先を意味する「文民統制」の在り方とも密接な関係にある。

このように、日米安保条約、憲法第九条、防衛大綱、ガイドライン、NSCという五大トピックは、戦後日本の安全保障の全体像を把握するためのポイントである。同時に、本書で詳しく見るように、それぞれ前述の「外部との線引きの問題」・「内部でのしばりの問題」と結びついている。そのことは、まだ十分に認識・解明されているとはいえない。

戦後日本の安全保障というテーマでは、最近の政策の展開や研究の進展をカバーしたスタンダード・テキストがいまだ定着していない。また、近年の実証研究についても、内容の専門性ゆえに、考察の範囲が狭かったり、どこが新たな知見なのかが一般読者には伝わりづらかったりするきらいがある。逆に、様々なエピソードを面白おかしくつなぐだけでは、本質的な議論にはたどり着かない。

これに対し本書は、近年利用可能になった史料や証言にもとづいた最新の研究成果を踏まえ、直近のものも含めた戦後日本の安全保障をめぐる主要トピックをおさえる。そしてこれまでの常識や通説に対しても大胆に再考を迫りながら、そこにひそむ問題をあぶり出していく。さらに、一般の読者諸賢に分かりやすくお伝えしていきたい。それによって、戦後日本独特の安全保障体制を理解し、今後を展望することに寄与できると考えている。

なお、資料の直接引用の際には漢字は新字体を、仮名は平仮名（現代仮名遣い）を使用し、また適宜ルビを付した。

本書の内容は著者個人の見解であり、著者が現在所属する、またはかつて所属した機関の見解を代表するものではない。

目次

図表作成◎ヤマダデザイン室

第1章　日米安保条約——極東地域に「開かれた」同盟

1　「不平等条約改正史」としての日米同盟史

「物と人との協力」

もしもの時、アメリカは日本を守る。その代わり日本は、アメリカに基地を貸す。これが戦後日本の安全保障の基軸となってきた日米同盟のもっとも根本的な建てつけである。

この建てつけについて定めたのが、日米間の同盟協約である日米安全保障条約であり、日本占領末期の一九五一年九月八日に署名された。この条約は、日本の主権回復後の一九六〇年一月一九日に改定されて、今にいたっている。戦後日本が果たした、壊滅的な戦禍《せんか》からの復興と、核攻撃を含む死闘を演じた国同士が戦後半世紀以上にわたって協調関係を構築したことには、世界史的な意味を見出すことができる。その背景として、日米同盟の存在は不可欠であった。

吉田茂《よしだしげる》総理の下で、旧日米安保条約締結交渉に当事者として関与した外務省条約局長の西村熊雄《にしむらくまお》は、この条約の建てつけを「物と人との協力」と表現した。日本はアメリカに対して「物」、つまり基地を差し出し、アメリカは日本に対して「人」、すなわち日本のために戦うアメリカ兵を差し出す。日米安保条約の根本的な建てつけは、在日米軍基地の存在を中核とする、「日本によるアメリカ軍への基地提供」と「アメリカによる日本防衛」の交換である。日米同盟のこのような「二国間基地同盟」としての性格は、一九六〇年の安保改定でも基本的には変わっていない。

日米同盟史は、「二国間基地同盟」をめぐる日米間の「対等性」の確保の歴史、いわば明治以来の日本外交の王道である「不平等条約改正史」として描かれることが多い。

というのも日米安保条約は「物と人との協力」であるといいながら、もともと旧条約は日本側の基地提供義務だけを定め、アメリカ側の日本防衛義務は明記していなかったからである。このような旧日米安保条約の対等性に関する問題を是正したのが、一九六〇年安保改定の意義である。

とはいえ、安保改定での変更点は、多くの米軍基地を抱えながら、当時依然としてアメリカの施政下にあった沖縄には適用されなかった。一九七二年五月一五日に実現した沖縄返還は、安保改定での変更点が沖縄にも適用されることになったという意味で、事実上の「第二の安保改定」（外交史家の坂元一哉《さかもとかずや》）であった。

こうした観点に立ち、研究者やジャーナリストたちは、日米安保条約締結やその改定、沖縄返還、あるいは基地問題といったテーマに多大な関心を寄せてきた。

極東条項と朝鮮密約の謎

ただ、これまでの日米同盟史が不平等条約改正の歩みであったとはいっても、それでもなお日本人のあいだには、依然として日米安保条約へのわだかまりが残っていると考えられる。その背景の一つに、同条約が、アメリカによる日本防衛にとどまらない極東防衛へのコミットメント（関与）を許していることがある（極東は今日では「北東アジア」と呼ばれることが多いが、本書では日米安保条約の条文と便宜上《べんぎじょう》平仄《ひょうそく》を合わせて「極東」と表記する場合がある）。

前述の通り、日米安保条約は、日本が基地を出し、アメリカが兵を出すとする日米二国間の取り決めである。ところが、どういうわけかこの条約には、「極東条項」なるものが存在する。この条項によりアメリカ軍は、日本防衛だけでなく、「極東における国際の平和及び安全の維持に寄与」するために日本の基地を使用することができる。これは一体どういうことなのか。
極東条項に加えて問題をさらに難しくしているのが、「朝鮮議事録」という密約の存在である。

安保改定の際に日米間で取り決められたところによれば、極東有事の際、在日米軍が日本の基地から直接どこかを攻撃する「直接戦闘作戦行動」をとる場合、日本政府と事前に協議することが必要になる。これが「事前協議」制度である。日本がアメリカの戦争に「巻き込まれ」ないですむようにしておく、さもなくばアメリカに好き勝手されて日米間の対等性も保てなくなる、というのが趣旨である。ところが、極東有事のうち、こと朝鮮有事に限っては、在日米軍による直接戦闘作戦行動は事前協議の対象外になる。日米両政府間でのこの約束について記したのが、一九六〇年一月六日の朝鮮議事録である。この約束のことは、二〇一〇年まで半世紀にわたり秘密にされてきた(「朝鮮密約」)。

アメリカに日本防衛以外の極東防衛へのコミットメントを許している極東条項に対して、薄気味悪く感じる日本人は少なくないであろう。特に密約に関しては、日米間の対等性は確保されているという政府の説明は「欺瞞《ぎまん》」であったとする厳しい批判を招いた。日米安保条約でアメリカの極東防衛コミットメントとのつながりを持たせているのは危険である、との見方は根強く残っている。

「極東一九〇五年体制」と「米日・米韓両同盟」

しかし、日米同盟が日本以外の極東とつながりを持っていることは、実は不気味でも何でもない。むしろそれこそが、この同盟の本質である。

二〇世紀初頭以来、極東の地域秩序は、東アジアにおける伝統的な覇権国である中国が弱体、あるいは自制的であることを前提に、日本と、日本にとって地政学上重要な朝鮮（少なくともその南部）、台湾が、パワーの裏づけによって同一陣営にグリップ（関係維持）されるというものだった。このような地域秩序のことを、本書では「極東一九〇五年体制」と呼ぶ。一九〇五年には、日露戦争の講和条約であるポーツマス条約が結ばれ、このような極東地域秩序の在り方が国際的に承認されて確定した。

もともとこの一九〇五年を起源とする極東地域秩序を支えていたのは、日本帝国の覇権であった。ところが一九四五年に日本帝国は崩壊する。それにもかかわらず戦前からの「極東一九〇五年体制」は、日本帝国の覇権に代わって、アメリカの防衛コミットメントによって戦後も支えられることになった。

そのようなアメリカの極東防衛コミットメントの土台となるのが、本書がいう「米日・米韓両同盟」である。「米日・米韓両同盟」とは、極東で、アメリカが中心となった、日本と韓国を相手方とする「ハブ・アンド・スポークス」（中心の核と、そこから放射状に広がった線）型の同盟網のことを指す。日米同盟（客観的に表記すれば「米日同盟」）は、在日米軍基地を介して、米韓同盟と密接に連結している。むしろ、日米「二国間基地同盟」であることを超えた、「米日・米韓両同盟」という安全保障システムの一機能なのだといってよい。

そして極東条項や朝鮮密約は、このような安全保障システムのなかで日米同盟が実効的に機能するための、いわば「ちょうつがい」の役割を果たすものであった。つまり日米同盟とは、はじめから極東地域に「開かれた」同盟なのである。

ところが、戦後の日本人は、安全保障をめぐって日本と日本以外のあいだで線引きができる、との前提に立ち、日本の責任と関与は前者のみに限定すべきだ、とする独特の安全保障観を持っている。いわゆる「一国平和主義」である。日本人が日米安保条約の極東条項や朝鮮密約に、何だか得体の知れない不気味なものとして違和感を覚えるのは、日本の安全と極東の安全は別物だ、という感覚があるからである。在日米軍が、日本有事ならともかく、極東有事に使用されるのは困る。

しかし、そのような態度は、日米同盟をめぐる戦略的・地政学的現実と合致しない。日本と日本以外を無理に峻別《しゅんべつ》することが、日本が置かれている国際的な環境とそぐわず、結果として日本自身の安全にもプラスにならないおそれがある。

それでは、以下では日米安保条約とアメリカの極東防衛コミットメントとのつながりについて、日米同盟のはじまりから読み解いていくことにしよう。

「二国間基地同盟」の成立

第二次世界大戦で勝者となった連合国の当初の戦後構想は、アメリカとソ連が協調し、世界平和を乱したドイツや日本を管理下に置く、とするものであった。一九四五年二月にソ連領クリミア半島のヤルタで開催された連合国首脳会談で戦後構想が話し合われたことから、これを「ヤルタ体制」と呼ぶ。ところがこのようなヤルタ体制的な戦後構想は、その後間もなくアメリカとソ連のあいだで東西冷戦が始まったことによりあえなく瓦解《がかい》した。

アメリカは、戦後ヨーロッパやアジアなどへのソ連の膨張を抑え込むべく、ソ連の周辺地域を支えるとする「封じ込め」政策をとった。これにともない、日本に対する扱いも変わる。アメリカによる日本占領の当初の目的は、日本が二度とアメリカに牙をむくことのないよう、民主化を通じてできれば親米化することと同時に、非軍事化することであった。ところが冷戦のはじまりと、封じ込め政策の採用により、アメリカはむしろ積極的に日本を自分たちの西側陣営に招き入れようとした。そして日本を東側陣営の脅威から守るとし、なおかつ日本の再軍備をうながすようになる。

一方の日本側も、吉田総理の下、「吉田ドクトリン」とも呼ばれる軽武装・経済優先路線をとった。そして講和後の日本の安全保障を、国連の庇護《ひご》や、憲法第九条改正・本格的再軍備を通じた自主防衛ではなく、アメリカ軍の駐留によって確保しようとした。日本に基地を置くことの戦略的重要性については、一九五〇年六月二五日から始まった朝鮮戦争への介入を通じて、アメリカ側も痛感していた。

一九五一年のサンフランシスコ講和条約署名と同日に、講和後もアメリカ軍が日本に駐留することを規定する旧日米安保条約が結ばれた。ここで誕生したのは、「物と人との協力」、すなわち日本によるアメリカ軍への基地提供とアメリカによる日本防衛の交換により成り立つ、在日米軍基地の存在を中核とする「二国間基地同盟」であった。

これに先立つ一九四九年四月四日に、やはりソ連の脅威に対抗して、北アメリカ・西ヨーロッパ諸国間でNATO（北大西洋条約機構）が結成されていた。もともとアメリカはNATOのイメージから、アジア太平洋でも、日本やフィリピン、オーストラリア、ニュージーランドなどを含む多国間安全保障機構（「太平洋協定」）を創設しようとしていた。ところが第二次世界大戦中に日本と交戦したこれらの諸国は、戦後も引き続き日本こそが脅威であるとして反対した。

そこでアジア太平洋ではサンフランシスコ講和とともに、アメリカとフィリピン（一九五

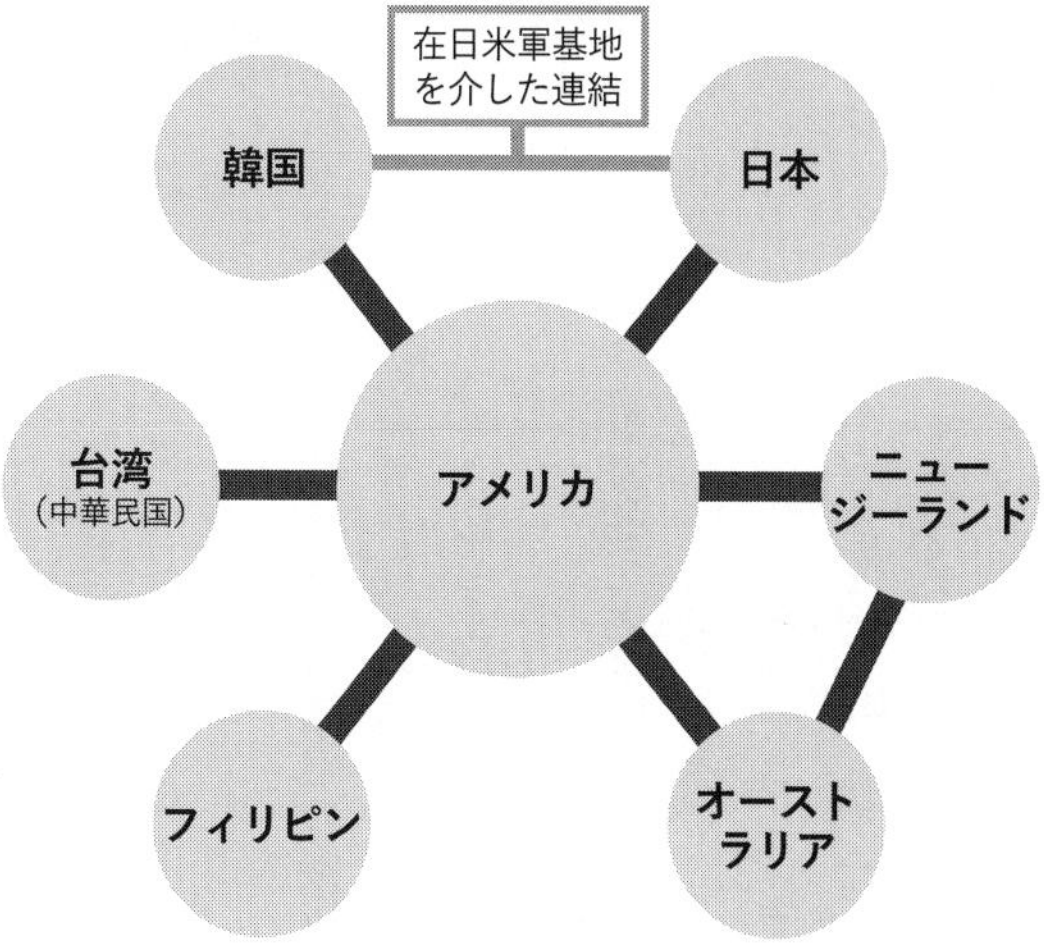

図1-1
アジア太平洋におけるアメリカのハブ・アンド・スポークス型の同盟網
出典：筆者作成。

一年八月三〇日、米比同盟成立)、アメリカとオーストラリア、ニュージーランド(同年九月一日、ANZUS同盟成立)、そしてアメリカと日本といった、アメリカを一方の相手方とする二国間(ANZUSについては三国間)同盟の束ができあがった。次いで一九五三年一〇月一日に米韓同盟が、一九五四年一二月二日には米華(米台)同盟も成立する。ハブ・アンド・スポークス型の同盟ネットワークの形成であった(図1-1)。

「対等性」の欠如

ところが一九五一年に結ばれた旧日米安保条約に対しては、多くの日本人が不満を抱いていた。それは同条約が、主権国家同士の取り決めとしての対等性を欠く、とみなされていたからであった。

日米安保条約とは、「物と人との協力」である。しかし前述の通り旧条約は、日本にだけ「物」の提供義務を課し、アメリカによる「人」の提供、すなわち日本防衛義務については口をつぐんでいた。

というのも、アメリカは、日本との安保条約で日本防衛義務を明記するには、日本もまたアメリカ防衛義務を負うことを条件とする、との立場をとっていたからである。一九四八年六月一一日、アメリカ議会上院はNATO創設に関連して、アーサー・ヴァンデンバーグ上院議員が主導した「ヴァンデンバーグ決議」を採択していた。この決議は、アメリカはアメリカとのあいだで継続的・効果的な「自助及び相互援助」をなす国とのみ、つまりアメリカを守ると言ってくれている国とのみ、対等な相互防衛条約を結ぶことができるとしていた。

しかし日本がアメリカ防衛義務を負い、そのための実力組織（旧日米安保条約締結当時は警察予備隊）の海外派兵を認めるには、憲法上の問題が大きすぎ、事実上不可能であった。

それでも旧日米安保条約締結交渉で日本側は、日米間に「集団自衛の関係」、すなわちお互いがお互いを守り合う関係を設定することを求めた。ここでの日本側の言い分は、日本の安全はアメリカの安全を意味するので、日本は日本を守るだけで同時にアメリカを守ることになる、というものだったが、アメリカ側に受け入れてもらえなかった。この事実は次章の内容とも関連する。

もちろん、現実にアメリカ軍が日本に駐留しているという事実自体が日本防衛に持つ意味は重い。それでも、条約上日本とアメリカが対等かといえば、対等とはいえなかった。

条約に限らず、一般に対等な契約というのは、それが当事者それぞれの「互いのためになる」ものであることを前提に、当事者双方が相手方に対し義務を負うものでなければならない。やや抽象的に言い換えれば、「互恵性」を前提とした「双務性」を持つことで、「対等性」が確保される、ということになる。

これに対し、旧日米安保条約は互恵性を前提としない取り決めであった。

旧日米安保条約はこう言っている。日本は武装を解除されているので、平和条約の効力発生時に固有の自衛権を行使する有効な手段を持たない。しかし、無責任な軍国主義（ソ連共産主義のこと）はまだ世界から駆逐《くちく》されていない。そのため武装を解除されている日本には危険がある。よって日本は、アメリカとの安保条約を希望する。そしてこのような「日本側の希望」にもとづき、日本はアメリカが日本に軍隊を配備することを許与する。アメリカはこの軍隊を、日本の安全に寄与するために使用することが「できる」（が、義務はない）。

なお、「無責任な軍国主義」のくだりは、一九四五年八月一四日に日本が受諾した連合国側からの降伏勧告であるポツダム宣言を源流としている。日米安保条約を、単に日米二国間の約束であることにとどまらず、ポツダム宣言という広く国際的な枠組みのなかに位置づけるためであった。

この条約は、日米双方のためではなく、日本だけのためのものである。日本がアメリカ軍に日本にいてほしいと希望するので、アメリカ軍は日本にいてあげるのである。とすると、日本がアメリカ軍への基地提供義務を一方的に負うのは当然である。よって、アメリカが日本防衛義務を負う必要はない。これが旧日米安保条約を貫く論理である。そもそも互恵的でないのだから、双務的である必要はない、というわけだ。

しかし日本側から見れば、旧日米安保条約にそのまま反映されているアメリカ側の言い分は納得できるものではなかった。アメリカの戦略爆撃能力の主力であるB-29爆撃機の航続距離の限界により、アメリカが直接コントロールできる対ソ連用戦略爆撃基地機能を持つのは世界でも日本と沖縄だけであった。そしてアメリカは極東条項によって、極東有事における日本の基地の使用権を得ていた。客観的に見て、日本の基地がアメリカの冷戦戦略に役立つものであり、特に当時朝鮮戦争を遂行中であったアメリカ軍にとって、日本の基地の使用が作戦上不可欠であることは明白であった。そもそもアメリカ軍が日本から去れば、ソ連は極東をかえりみずにすみ、ヨーロッパで自由に行動できることになりかねなかった。

日米安保条約は、日本のためだけではなく、アメリカのためにもなる。本当は互恵的なものなのだ。にもかかわらず条約上双務性が認められないということは、日米間の対等性を損なっている。また、極東有事も含め、アメリカ軍による日本の基地の使用に対し日本側に発言権がないのはおかしい。旧日米安保条約に対する日本側の不満は、このように整理できる。当時の日本人は、日本はアメリカに一方的に基地を使われる二等国ではない、日本はいつまでも敗戦国ではないのだ、と言いたかったのだ。

このような対等性の問題をめぐる日米間のボタンのかけちがいは、旧日米安保条約締結交渉において、本来は双務性の次元で処理すべき問題を、互恵性の問題とすり替えたことにあったと考えられる。そもそも憲法上の制約があり、軍備を持たない日本が、安全保障に関する条約でできることは限られている。そのような制約のなかで、互恵性を前提にしながら、どのように日米間で双務性を確保するかという問題に取り組む代わりに、そもそも互恵性がないので双務的でなくてもよろしいという、結果的に安易な処理の仕方をしてしまったところに最大の問題があった。

安保改定の意義

一九五七年一月三〇日、群馬県相馬原《そうまがはら》の在日米軍射撃訓練場でアメリカ兵ウィリアム・ジラードが日本人主婦を卑劣なやり方で殺害したジラード事件が起こり、日本における反米感情が高まった。また同年一〇月四日にソ連が人工衛星「スプートニク」打ち上げに成功したのに続いて、翌一九五八年八月二三日に中国軍が台湾の金門《きんもん》守備隊を砲撃した第二次台湾海峡危機が発生し、沖縄と日本本土からアメリカ空軍や海兵隊が出動する事態となった。これにより日本国内において、戦争への巻き込まれの恐怖が強まる。

一方アメリカ側は、共産圏による対日武力侵攻より、共産主義イデオロギーの浸透によって、日本が東西冷戦のなかで中立の立場をとるようになるのを危惧《きぐ》していた。駐日米大使ダグラス・マッカーサー二世（元連合国軍最高司令官マッカーサー元帥の甥《おい》）は、日米安保条約に対する日本側の不満をこのまま放置できないと判断した。このような判断にもとづくマッカーサー大使の勧告などを背景に、アメリカ政府は日本側が求める安保改定に同意した。六〇年安保改定である。

新たに締結された新日米安保条約は、「日米両国」が、日本を含む極東の平和と安全の維持に共通の関心を有するとした。つまり、条約の互恵性を認めたのである。そして互恵性が認められる以上、日米両国が負うべき義務は当然ながら双務的でなければならない。そこで新条約第五条は、日本の基地提供「義務」に対し、日米両国は「日本国の施政の下にある領域における、いずれか一方」に対する武力攻撃が「自国の平和及び安全を危うくするもの」

と認め、自国の憲法上の規定および手続に従って「共通の危険に対処するように行動する」と宣言した。すなわち、アメリカの日本防衛「義務」が明確化された。

一方、新日米安保条約では、日本は在日米軍を守る、とされている。ヴァンデンバーグ決議への対策として、互いに防衛義務を双務的に負う「相互防衛条約」の体裁を、最低限とるためであった。一九五一年当時とは異なり、このころ日本では集団的自衛権（自国と密接な関係にある他国への攻撃に対する自衛権）の行使は憲法上、許されていないとされるようになっていた。そのため自衛隊による在日米軍防衛は、憲法上容認される個別的自衛権（自国への攻撃に対する自衛権）の行使の範疇《はんちゅう》であるとされた。

新条約が、日米両国が「共通の危険に対処する」としていることと考え合わせると、日米同盟は「物と人との協力」を基本としつつも、限定的ながら自衛隊とアメリカ軍の共同対処という「人と人との協力」という側面も有する（本書第４章で詳しく検討する）。

このように一九六〇年の改定で、日米間で安保条約を結ぶことについての互恵性が承認され、双務性についても調整がなされたことにより、対等性が確保された。なおここでの対等性は、あくまで条約上の対等性を指しており、実際の日米間の軍事力を含むパワーの差とは別次元の問題であることはいうまでもない。

ただし、日米同盟の対等性をめぐる問題が、安保改定で完全に払拭《ふっしょく》されたとまではいえない。それはここでの双務性の内容が、「非対称性」を持つものだからである。

有事においてお互いを守り合う、ということであれば、双務性の内容は対称的である。しかし「物」と「人」との協力のように、双務性の内容が非対称的である場合、平時においては、日本側が在日米軍基地の受け入れという義務を一方的に負担しているように感じる。安保改定の際、日米安保条約の細目を定めるそれまでの「日米行政協定」は「日米地位協定」に置き換えられた。同協定で、在日米軍による基地の管理権と裁判管轄権・捜査権といった特権保持や、日本側の経費負担が定められていることについては、様々な議論がある。

逆に、有事を想定すると、アメリカ側の負担感が増す。近年でも二〇一九年六月二六日にトランプ大統領がテレビのインタビューで、「日本が攻撃されれば米国は第三次世界大戦を戦う。私たちはいかなる犠牲を払ってでも日本を守る。だが、米国が攻撃されても日本はそれをソニー製のテレビで見ていればいいのだ」との不満をぶちまけた。

双務性の内容が非対称的であるがゆえに、自国の方がより多くを負担しているとの不満を、日米双方とも抱きやすい。これは日米同盟が「物と人との協力」である限り残り続ける課題である。

2　極東条項という難題

アメリカの極東防衛とのつながり

日米安保条約は、日本防衛のために、日本が基地を出し、アメリカが兵を出すとする、日米二国間の取り決めである。もしそれだけであれば、そのような非対称性をめぐる課題は依然として残るものの、話はもう少し単純である。だが実際の日米安保条約には、多くの人びとの頭を悩ます条文が登場する。それが極東条項である。

一般に同盟条約では、その同盟が防衛の対象としている地域、すなわち条約区域（あるいは防衛区域）が明らかにされる。たとえばNATOの北大西洋条約は、「ヨーロッパ又は北アメリカにおける一又は二以上の締約国」への攻撃に対して発動される。日米安保条約の場合、「日本国の施政の下にある領域」が条約区域である。

ところが日米安保条約には、条約区域に加え、極東条項にもとづく「使用区域」というものが存在する。

旧日米安保条約は、日本に配備されたアメリカ軍を、「極東」の平和と安全の維持に寄与するために「使用することができる」と規定していた。この規定は、改定後の新条約にもほぼそのまま引き継がれている。日本から基地の提供を受けたアメリカ軍は、日米安保条約第五条の規定する「日本」防衛のみならず、第六条の極東条項にもとづいて、「極東」の国際の平和と安全の維持に寄与するために、やはり日本の基地を「使用することを許される」。条約区域以外に使用区域などというものを定めた同盟条約は、日米安保条約のほかにないといわれている。

このような極東条項がはじめに旧条約に挿入された経緯について、西村条約局長は一九六九年に次のような聞き捨てならない回想を記している。「『極東条項』に関連する諸問題〔中略〕についてじゅうぶん考慮をめぐらさないで簡単に〔吉田〕総理にOKしかるべしと意見を申しあげた。これらについては、今日にいたるまで事務当局として責務の遂行に不充分なところがあり汗顔《かんがん》の至りである」（外務省「平和条約の締結に関する調書Ⅵ」）。つまり、日米安保条約締結交渉の当事者であった外務省の所管局長が、極東条項挿入の意味について十分検討できていなかった、と告白しているのである。

アメリカ軍が日本防衛だけでなく、極東防衛のために日本の基地を使用することを、日本はいかなる法的根拠にもとづいて許すのか、自衛権では説明が難しい。この問題について詳しく検証した坂元は、日本政府は「この点の整合的な説明をあきらめたようである」と結論づけている。

また極東条項は、日米安保条約に対する日本人のわだかまりのもとにもなっている。砂川《すながわ》事件（東京都砂川町の在日米軍基地拡張をめぐる反対闘争）についての一九五九年三月三〇日の第一審判決（伊達《だて》判決）は、在日米軍の駐留を憲法違反としたが（のちに最高裁判所で破棄）、その理由の一つとして挙げたのは、日米安保条約の極東条項により、日本が「自国と直接関係のない武力紛争の渦中《かちゅう》に巻き込まれ」る危険があること、であった。

日米安保条約が日米両国の「二国間基地同盟」について規定する協約であることと、同じ条約によって、アメリカが日本以外の極東防衛にコミットするのを許されることとがどう整合するのかは、人びとを困惑させることになった。そしてアメリカの極東防衛コミットメントとのつながりを持つことは危険だ、とみなされる。

事前協議による制約と抜け道

そこで安保改定において、「アメリカによる日本防衛義務の明確化」と並ぶ、日米間の対等性確保のためのしかけとなったのが、「事前協議制度の導入」であった。

事前協議制度は、一九六〇年一月一九日に岸信介《きしのぶすけ》総理とクリスチャン・ハーター国務長官のあいだで取り交わされた「岸＝ハーター交換公文」（正式名称は「条約第六条の実施に関する交換公文」）で定められている。

新日米安保条約調印式（1960年１月19日）。前列左よりハーター国務長官、アイゼンハワー大統領、岸総理、藤山愛一郎外相。後列中央はマッカーサー駐日大使（写真：AP/アフロ）

岸＝ハーター交換公文によれば、アメリカ軍による日本の基地の使用に際し、以下の三つのケースは日本政府との事前の協議の対象となる。

第一に、「合衆国軍隊の日本国への配置における重要な変更」の場合である。

第二に、「同軍隊の装備における重要な変更」、すなわち、アメリカ軍による日本国内への核兵器の持ち込みについてである。

そして第三に、極東有事における「日本国から行われる戦闘作戦行動〔中略〕のための基地としての日本国内の施設及び区域の使用」である。

このうち三つ目にあるように、極東有事においてアメリカ軍が日本の基地から直接どこかを攻撃する直接戦闘作戦行動を事前協議の対象としたのは、極東条項で許される在日米軍の行動に制約をかけるためである。極東条項があるからといって、アメリカ軍が日本の基地を好き勝手に使用できるわけではなく、事前協議を通じて一定の発言権を持ち、日本が欲しないアメリカの戦争に巻き込まれないようにしておくとすることで、やはり日米間の対等性を確保しようとしたのである。同制度は不平等条約改正史的観点からも重視されてきた。

ところが、極東有事における在日米軍の直接戦闘作戦行動を事前協議の対象とする約束をめぐっては、重大な秘密があった。それは極東有事のうち、朝鮮有事には事前協議制度が適用されない、というものである。

なぜ朝鮮有事における在日米軍の直接戦闘作戦行動が事前協議の対象外となるのか。分かりやすくするために若干戯《ぎ》画《が》的な説明から入る。仮に今北朝鮮が韓国を攻撃したとしよう。これは日米安保条約でいう極東の国際の平和と安全を乱す行為である。したがって同条約の極東条項が発動され、アメリカ軍が日本の基地から北朝鮮に対する直接戦闘作戦行動をとることになる場合があるだろう。そこで北朝鮮攻撃のために、一機の米軍機が日本の基地から飛び立ったとしよう。

これに対し日本政府は、岸＝ハーター交換公文にもとづいて、「ちょっと待ちなさい！この米軍機の直接戦闘作戦行動は日本政府との事前協議の対象だ！」と制止することができる。

するとこの米軍機は途中でいったん元いた日本の基地に引き返す。そして、機体にペタッと一枚のシールを貼る。それは淡いブルーを背景に、オリーブの枝で囲んだ世界地図を白であしらった旗、すなわち「国連旗」のシールである。そのうえで、この米軍機は再度出撃する。ここではつい先ほど出撃したのと同じ機体を、同じアメリカ兵パイロットが操縦している。積んでいる爆弾も、北朝鮮を攻撃するという任務も、まったく同一である。ちがいはただ一つ、機体に国連旗のシールが一枚貼られているかどうかだけである。たったこれだけのちがいで、この米軍機の直接戦闘作戦行動に対し、日本政府は今度は口出しできなくなるのである。なぜか。

この問題を解くポイントとなるのが、アメリカ軍による日本の基地の使用をめぐる日本と朝鮮の関係は日米安保条約のみに規律されるわけではない、という事実である。

在日「国連」軍

一九五一年の旧日米安保条約署名当時の極東は、まさに有事の真っただ中にあった。

一九五〇年に北朝鮮が韓国に侵攻して朝鮮戦争が勃発すると、同年七月七日に国連安全保障理事会決議にもとづき、アメリカ軍を中心とする「朝鮮国連軍」が結成され、同軍が軍事介入した。すると今度は中国軍が人民義勇軍の名目で参戦し、戦火はさらに拡大する。一九五一年七月一〇日から国連側と共産側のあいだで休戦交渉が開始されたとはいえ、実際の休戦成立にはさらに二年の歳月が必要であった。

ここで突然、朝鮮国連軍、と言われても、ピンと来ない読者もおられるかもしれない。朝鮮国連軍なるものと日本と、何の関係があるのか。これが大ありなのである。そもそも、朝鮮国連軍司令部はどこにあったか。韓国にあったのではない。朝鮮国連軍司令部は、連合国軍最高司令官総司令部（ＧＨＱ／ＳＣＡＰ）と兼ねて、当時連合国占領下にあった東京に設置されていた。朝鮮国連軍司令部がソウルに移転したのは、休戦からさらに四年が経った一九五七年七月一日になってからである。では朝鮮国連軍を指揮した司令官は誰か。連合国軍最高司令官を兼ね、日本人にもなじみ深い、マッカーサー元帥である（のちに解任）。

日本と朝鮮国連軍の関係はこれにとどまらない。旧日米安保条約署名時、吉田総理とディーン・アチソン国務長官のあいだで、「吉田＝アチソン交換公文」と呼ばれる文書が取り交わされている。吉田＝アチソン交換公文とは、朝鮮戦争という現実を前に、日本が朝鮮国連軍の行動を、基地やサービスの提供によって支持することを約束したものである。そして同交換公文は、安保改定時の一九六〇年一月一九日に日米間で取り交わされた「吉田＝アチソン交換公文等に関する交換公文」により、現在でも引き続き効力を有している。

ちなみにジャーナリストの伊奈久喜《いなひさよし》が指摘しているが、「吉田＝アチソン」交換公文や「岸＝ハーター」交換公文といった文書が示すように、当時の日本の総理大臣のアメリカ側のカウンターパート（対応相手）は、大統領ではなく、国務長官クラスであった。戦後間もない時期のアメリカ側から見た日本の「格」がうかがい知れる。

吉田＝アチソン交換公文の性格について、韓国政治研究者の倉田秀也《くらたひでや》は、その当時既におこなわれていた朝鮮国連軍に対する日本の施設と役務の提供のみならず、「日米安保条約が韓国防衛にも関わる地域的な集団防衛条約であること」を追認した文書であったと指摘する。ここで特に後者の指摘は重要である。

このあと一九五三年七月二七日、朝鮮戦争休戦協定が成立した。休戦後も、朝鮮国連軍は引き続き存続する。そして、休戦協定の履行を監視したり、北朝鮮が休戦協定に違反して韓国に軍事的挑発をおこなった場合に、韓国防衛のために朝鮮国連軍参加各国の兵力を呼び寄せる枠組みを提供したりする任務を有している。

朝鮮戦争休戦後の一九五四年二月一九日、吉田＝アチソン交換公文に続いて、日本と朝鮮国連軍参加一八か国のうち、アメリカやイギリス、フランス、カナダ、オーストラリアなど一一か国とのあいだで「国連軍地位協定」が署名された。普段「在日米軍基地」と呼んでいる基地のうち、座間《ざま》、横須賀《よこすか》、佐世保《させぼ》、横田《よこた》、嘉手納《かでな》、普天間《ふてんま》、ホワイトビーチの各基地は、実はこの国連軍地位協定によって指定された「在日国連軍基地」でもあるのだ。だからこれらの基地には、星条旗とともに、国連旗がはためいている。

近年も、北朝鮮が国連安保理決議による経済制裁をのがれるためにおこなう洋上での密輸取り引き、いわゆる「瀬取《せど》り」を監視するため、オーストラリア軍とカナダ軍の哨戒《しょうかい》機が嘉手納基地を使用しているが、両軍が日本の基地を使用できる根拠は、国連軍地位協定にある。

そして朝鮮国連軍司令部のソウル移転後も、後方司令部は座間に置かれ、二〇〇七年一一月一日以降は横田に存在する。また、在京の関係国大使館には朝鮮国連軍の連絡将校も駐在している。

つまり、朝鮮有事におけるアメリカ軍による日本の基地の使用については、日米安保条約を前提としつつ、二重の形態があるということになる。一つは、日米安保条約にもとづいて、同条約の極東条項が発動されて、在日米軍が在日米軍基地を使用する場合である。そしてもう一つが、実態としては同じであっても、朝鮮休戦協定が破られたとして、吉田＝アチソン交換公文と国連軍地位協定にもとづき、「在日国連軍」が「在日国連軍基地」を使用するとみなされる場合である。

なおアメリカ軍以外の在日国連軍は、朝鮮戦争が再開された場合でも兵站《へいたん》支援をおこなう

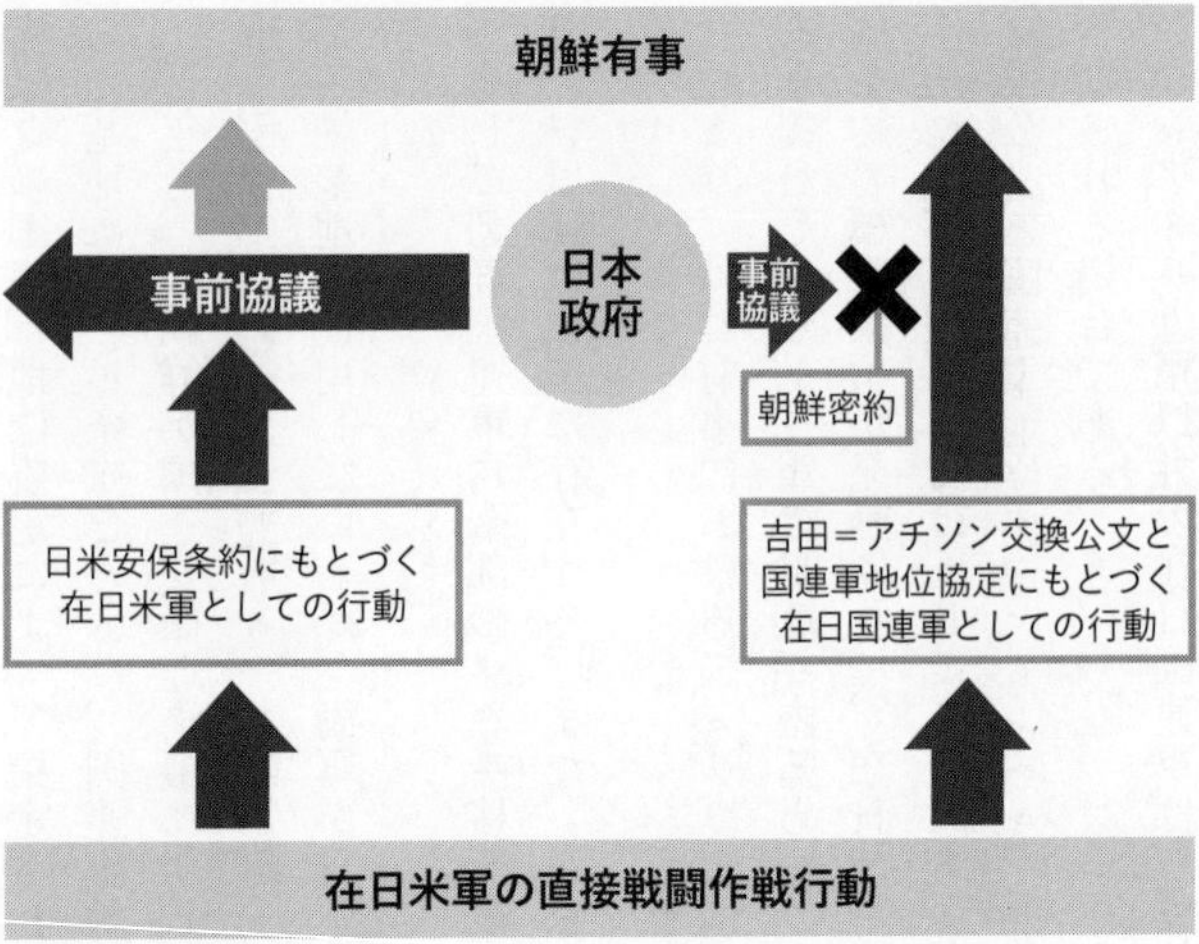

図 1-2
事前協議制度と朝鮮密約
出典：筆者作成。

にとどまるので、直接戦闘作戦行動をとるのは事実上アメリカ軍だけである。

極東有事における在日米軍の直接戦闘作戦行動を事前協議の対象としたのは、前述の通り極東条項の下でも日米間の対等性を確保するためであった。ただ、極東有事のなかでもっとも蓋然《がいぜん》性が高いと考えられた事態は、朝鮮有事である。その朝鮮有事において、在日米軍が、吉田＝アチソン交換公文と国連軍地位協定という、「日米安保系」とは別の「国連系」の枠組みにもとづいて出撃すればどうなるか。中身は薩《さつ》摩《ま》と長州《ちょうしゅう》の軍勢でも、赤地の錦《にしき》に日月を金銀で刺繡《ししゅう》した「錦の御旗《みはた》」を掲げると「官軍」に化け、最後の将軍徳川慶喜《とくがわよしのぶ》は大坂城から江戸に逃げ帰るしかなかった。在日米軍が、やはり国連旗という「錦の御旗」を掲げれば、在日米軍は「国連軍」となり、「日米安保系」の事前協議制度の制約は効かない。

岸＝ハーター交換公文の直接戦闘作戦行動に関する了解事項は空文となる（図1-2）。

朝鮮密約による保証

いや、たとえ朝鮮有事における在日米軍の「在日国連軍」としての直接戦闘作戦行動であっても日本政府との事前協議の対象になる、というのが、長いあいだの日本政府の説明であった。「吉田＝アチソン交換公文等に関する交換公文」が、在日国連軍による基地使用やその日本における地位は新日米安保条約によって規律される、と定めているのがその根拠とされた。ただこのような説明は、控えめにいっても不正直なものであった。

安保改定から約半世紀後の二〇〇九年九月一七日に、民主党政権の岡田克也《おかだかつや》外相が外務省に日米間の「密約」に関する調査を命じた。調査の結果、「朝鮮議事録」と題された文書が省内で発見された。

この朝鮮議事録では、当時の藤山愛一郎《ふじやまあいいちろう》外相とマッカーサー大使とのやりとりが記録されていた。このなかでマッカーサーは、朝鮮では、アメリカ軍がただちに日本から戦闘作戦行動に着手しなければ、停戦協定違反の武力攻撃を「国連軍」が撃退できない事態が生じうるとした。そのうえで藤山に、「そのような例外的な緊急事態が生じた場合、日本における基地を作戦上使用することについて日本政府の見解をうかがいたい」と問いただした。これに対し藤山は、停戦協定違反の攻撃に対して国連軍の反撃が可能となるように、「国連統一司令部の下にある在日米軍によって直ちに行う必要がある戦闘作戦行動のために日本の施設・区域を使用され得る」と答えていたのである。

つまり、朝鮮有事における在日米軍の「在日国連軍」としての直接戦闘作戦行動は、やはり事前協議の対象外なのであった。

密約は今も有効か

朝鮮議事録が密約であることは、二〇〇九年からの政府の調査でも認定された。

密約問題調査のために外務省が設置した「いわゆる『密約』問題に関する有識者委員会」（密約問題有識者委員会）は、この問題についての第一線の研究者たちにより構成され、同委員会が二〇一〇年三月九日に提出した報告書は、多くの優れた洞察により、密約問題の真相に迫っている。ただ、そのなかの論点の一つであった朝鮮議事録の今日における有効性については、専門家のあいだでも見解が分かれる。

同報告書のなかで朝鮮密約を扱った章は、朝鮮議事録は「事実上失効したと見てよい」との見解を示した。これに対し、安全保障研究者の道下徳成《みちしたなるしげ》らは、朝鮮密約の有効性については今日でもあいまいなままであり、当該事態に際し日本は事前協議が必要と考えているのに対し、アメリカは場合によっては不要と考えていると指摘する。

報告書の該当箇所が朝鮮密約の有効性を疑問視する根拠の第一は、安保改定ののちの一九六九年一一月二一日に、佐藤栄作《さとうえいさく》総理とニクソン大統領が沖縄返還に合意した「佐藤＝ニクソン共同声明」の第四項、およびこれと同日に佐藤がワシントンのナショナル・プレス・クラブ（ＮＰＣ）でおこなった演説内容にある。

佐藤＝ニクソン共同声明第四項は、「韓国条項」とも呼ばれ、「韓国の安全は日本自身の安全にとって緊要」と認めたものである。そのうえで佐藤はＮＰＣでの演説で、朝鮮有事における在日米軍の直接戦闘作戦行動に関する事前協議に対しては、「前向きに、かつすみやかに」態度を決定すると言明した。つまり、日本はこれらの声明を通じ、当該事態における事前協議で限りなくイエスと答えるとの立場を既におおやけにしているので、朝鮮密約には意味がない、との見解である。

ただ、佐藤＝ニクソン共同声明の韓国条項や佐藤のＮＰＣ演説は、たしかに朝鮮密約の密約であることの深刻さを軽減する働きを持つものではあっただろうが、これらをもって同密約が失効したとまで確言できるかは疑問が残る。その後もアメリカ政府内では、朝鮮密約を「未解決のままとし、正式に消滅させることとしない」とされていたからである（一九七四年六月七日のリチャード・スナイダー国務次官補代理のメモ）。日米安保条約のエキスパートである栗山尚一《くりやまたかかず》元駐米大使も、朝鮮密約の効力は残ったとの立場をとる。そもそも、「事前協議で限りなくイエスと答える」ということと、朝鮮密約で示唆されているように「はじめから事前協議を開催しない」ということは同義ではないだろう。

報告書の考えの第二の根拠は、日米同盟の緊密化である。その具体例として、朝鮮有事を念頭に置いたガイドライン（「日米防衛協力のための指針」）改定（一九九七年九月二三日）や周辺事態法制定（一九九九年五月二八日。日本の周辺で起こる、日本に重要な影響を与える事態において、自衛隊がアメリカ軍に後方支援をおこなうとしたもの）などが列挙されている。

ただここで確認しておかなければならないのは、ガイドラインなどの取り決めや法律は、「日米安保系」の枠組みにおいて、主として「人と人との協力」を強化するという趣旨のものだということである。これに対し朝鮮密約は、「物と人との協力」の次元に属する取り決めであり、しかも「国連系」の枠組みのなかにある。前者の次元における関係の緊密化が、必ずしも後者の在り方についての取り決めにただちに取って代わることにはならないのではないか。

たしかに、朝鮮有事において在日米軍が直接戦闘作戦行動をとる際に、日米間で見解が大きく異なることになる可能性は、一九六〇年当時と比べても低下しているといえる。とはいえ、朝鮮密約の効力については今なおあいまいな部分が残ると考えておく方が無難であろう。とすると、日米安保条約に対するわだかまり自体は残り続けることになる。

密約問題については、外交文書管理の在り方に再考を迫ったり、これまでの政府の対応を欺瞞だとして批判したりする論調を生んだ。いずれも重要な論点ではある。

ただ、密約の存在そのものが、本書がターゲットとする問題にあたるわけではないと考える。この問題の本質は、さらに深いところに見出せるのではないだろうか。すなわちそれは、密約から浮かび上がってくるような、日米同盟と米韓同盟の結びつきをどう理解するか、という点である。

沖縄返還交渉への韓国の介入

朝鮮戦争休戦後の一九五三年一〇月、それまでのアメリカによる韓国防衛コミットメントが発展し、極東においてアメリカを相手方とする二国間同盟として、日米同盟に加えて米韓同盟が正式に成立する。そして日米安保条約の極東条項、特に朝鮮密約の存在は、日米同盟と米韓同盟が在日米軍基地の存在を介して結びつきうるものであることを示唆している。

両者が密接な関係にあることは、日米間の外交問題である沖縄返還交渉に、第三者であるはずの韓国が介入してきたことに典型的に表れている。それは韓国側が、沖縄返還にともない日米安保条約の事前協議制度の適用範囲が変化することを懸念したからであった。

第二次世界大戦中に沖縄を占領したアメリカは、その戦略的重要性に鑑《かんが》み、講和後も引き続き同地で施政権を行使した。沖縄返還は、戦後日本の悲願であった。一九六七年一一月一五日の佐藤＝ジョンソン日米首脳会談後の共同声明で、「両三年」内に沖縄返還の時期について合意すべきとの日本側の要望が明記されて以降、返還交渉は本格化し、前述の通り一九六九年一一月の佐藤＝ニクソン会談で決着する。

沖縄返還交渉での最大の焦点は、「核抜き本土並み」問題であった。一九五四年九月三日に第一次台湾海峡危機（中国と台湾のあいだで、翌一九五五年五月一日まで続いた紛争）が発生したのち、沖縄には一九五四年一二月からアメリカ軍によって核が配備されていた。これによって沖縄から極東ソ連や中国、北朝鮮への核攻撃が可能となり、配備された核弾頭の数は沖縄返還前までに約一二〇〇発に達していた。また返還交渉当時、アメリカはベトナム戦争（アメリカが南ベトナムを支援し北ベトナムの共産勢力と戦った）を遂行中で、沖縄の米軍基地はベトナムへの出撃拠点であったことから、沖縄返還後も同地の基地を引き続き自由に使用できることを期待していた。

これに対し日本側は、一九六七年一二月一一日に佐藤総理が国会で表明した「作らず、持たず、持ち込ませず」の「非核三原則」にもとづいて、返還にともない沖縄から核を撤去することを求めていた。また、事前協議制度を返還後の沖縄にも適用したいとの立場であった。安保改定で事前協議制度が導入されたとはいっても、実際には米軍基地の多くは沖縄に存在するのであって、沖縄が日本に返還され、沖縄の基地と事前協議制度の関係が定まらない限り、安保改定は実は未完成なのであった。

結局沖縄返還交渉では、日本側の「核抜き本土並み」要求が基本的に満たされることになった。沖縄返還を境に、核が撤去されるだけでなく、沖縄の基地にも本土と同じく事前協議制度が適用されることとなる。

このことを警戒したのが韓国であった。韓国政府が当時、朝鮮密約の存在を知らなかったとすれば、あるいは仮に知っていたにせよその実効性に疑問符がつくと考えていれば、沖縄の基地の使用についての日米間の事前協議は、韓国から見ると朝鮮有事における在日米軍の即応性を低下させるおそれがあった。このころ北朝鮮は一九六八年一月二一日に韓国大統領府である青瓦台への特殊部隊による襲撃を試み、二三日にはアメリカの情報収集船「プエブロ号」を拿捕《だほ》するなど、攻勢を強めていた。

そこで日米沖縄返還交渉中の一九六九年四月八、九日、韓国の崔圭夏《チェギュハ》外務部長官は韓国駐在のアメリカのウィリアム・ポーター大使と日本の金山政英《かなやままさひで》大使に書簡を送り、沖縄返還後に日本が事前協議の権利を放棄するよう要求してきたのである。この時韓国の朴正煕《パクチョンヒ》大統領が、沖縄の代替地として朝鮮半島南西にある済州《チェジュ》島をアメリカ軍に提供することを真剣に検討していたことからも、韓国側の懸念の強さがうかがえる。逆にいえば、韓国は、沖縄がアメリカの施政下にある限り、六〇年安保改定の事前協議制度は実態がともなわないものであることを見抜いていた。

結局韓国側の要求は日米両国に受け入れられなかった。ただ、ここでの韓国側の働きかけは佐藤＝ニクソン共同声明における韓国条項挿入の背景の一つにはなる。また同共同声明発表の同日（一一月二一日）午後、マーシャル・グリーン国務次官補は金東祚《キムドンジョ》駐米韓国大使に対して、有事の際に沖縄の基地に核を再配備する可能性についてあいまいながら示唆した。実際に佐藤とニクソンのあいだで、このことに言及した非公開文書である「合意議事録」が取り交わされていた（「沖縄核密約」）。外交史家の小林聡明《こばやしそうめい》は、この合意議事録には「日米が韓国に信頼感をあたえ、日韓、韓米の関係を離間させないための意味も付与されていた」と指摘する。

なお、朝鮮密約の有効性について日米間で解釈が異なる可能性について先に述べたが、このことは日本と韓国のあいだにも当てはまる。二〇一四年七月一五日、安倍晋三《あべしんぞう》総理は国会で、韓国救援のための沖縄の在日米海兵隊の出動は日本政府との事前協議の対象であり、日本の了解が必要であると答弁した。一方、この答弁に対し在米韓国大使館関係者は韓国メディアの取材に答え、在日米軍基地は在日国連軍基地でもあるから、朝鮮有事における在日米軍の直接戦闘作戦行動は事前協議の対象外であり、日本政府は介入できず、アメリカ政府も同じ考えであると牽制《けんせい》した。

日米同盟体制の変更は、ただちに韓国に波及することが分かる。

朝鮮国連軍解体論と朝鮮議事録失効問題

逆に、韓国における安全保障体制の変更が、アメリカ軍による日本の基地の使用の在り方に波及するということもある。その典型が、七〇年代の朝鮮国連軍解体論であった。

一九七二年二月二一日、ニクソンが中国を訪問し、朝鮮戦争で実際に干戈《かんか》を交え、長らく敵対関係にあったアメリカと中国が和解した（アメリカ側には、北ベトナムに影響力を持つ中国に接近することで、ベトナム戦争の泥沼から抜け出すというねらいがあった）。朝鮮戦争を戦った国連軍はアメリカ軍が主体であったし、韓国軍の指揮権を掌握《しょうあく》していたのはアメリカ人たる国連軍司令官であった。一方の中国人民義勇軍も、北朝鮮の朝鮮人民軍を事実上指揮下に置いていた。朝鮮戦争の主要交戦当事者同士が和解したことに加え、その前年の一九七一年一〇月二五日には国連の議席を中華人民共和国が台湾の中華民国に代わって獲得していた。ちなみに沖縄からの核の撤去は、アメリカの戦術核による攻撃のターゲットから中国を外すことを意味しており、アメリカが米中和解を望んでいることについての、中国側へのこれ以上ないメッセージであった。

米中和解の結果問われることになったのが、朝鮮国連軍の存在意義であった。国際社会では朝鮮国連軍の解体論が浮上し、実際に一九七五年一一月一八日に、国連総会で同軍の無条件解体を要求する北朝鮮側の決議が採択された（ただしこれに反対する韓国側の決議も同時に採択されたため、その効果は相殺された）。

朝鮮国連軍解体論は、日米同盟にも波及した。というのも、一九六〇年の朝鮮密約が朝鮮有事における在日米軍の直接戦闘作戦行動を事前協議の対象外としているのは、前述の通り在日米軍が「在日国連軍」として出動することを前提としているからである。ところが、朝鮮国連軍そのものが解体されるとなれば話は変わってくる。そうなると当然吉田＝アチソン交換公文や国連軍地位協定は失効し、これらの取り決めに立脚した朝鮮議事録も死文化する。朝鮮有事における在日米軍の直接戦闘作戦行動は事前協議の対象外であるという特例は消滅する。

朝鮮国連軍解体にともない朝鮮議事録が失効することを懸念したニクソン政権は、この問題について密かに討議を開始した。一九七三年六月一五日に開かれた国家安全保障会議（NSC）の関係会合で、統合参謀本部（JCS）議長トーマス・モーラー提督は、朝鮮国連軍解体後も朝鮮有事における在日米軍の直接戦闘作戦行動を事前協議の対象外にしておけるよう、日本とのあいだで新たな取り決めを結び直すことを提案した。これに対し、スナイダー国務次官補代理は、一九六九年の佐藤＝ニクソン共同声明があるので心配ないと反論した。スナイダー自身は、同共同声明にかかわらず朝鮮密約は有効だと考えていたが、知日派であるがゆえに、モーラーの提案は日本との関係を難しくすることになると分かっていた。

しかし会合の模様を伝える国家安全保障会議文書によると、ヘンリー・キッシンジャー国家安全保障問題担当大統領補佐官はスナイダーの説明に対しこう言い放った。「あてになるのか」（U.S. Department of State, *Foreign Relations of the United States*）。キッシンジャーが感じとったような懸念を反映して、国家安全保障会議は翌一九七四年三月二九日に、朝鮮国連軍解体後も朝鮮密約と同様の特例を維持できるよう、日本政府から明示的な合意を取りつけるとの方針にいったんは傾いた。

同じころ（四月一七日）、韓国の金東祚外務部長官（前駐米大使）はフィリップ・ハビブ駐韓米大使に、韓国とアメリカが、吉田＝アチソン交換公文と（日本との）国連軍地位協定の失効問題についてよく研究するのが賢明であるとする内容の覚書を手交した。韓国側もこの問題に関心を寄せていた。

結局米中和解後の極東情勢を踏まえて七月二九日にニクソン自身が決断し、たとえ朝鮮国連軍が解体されて吉田＝アチソン交換公文や日本との国連軍地位協定が失効しても、アメリカの対北朝鮮抑止能力に影響しないと評価できるので、日本に新たな要求を提起することはしない、との結論に達した。

ただ、この時アメリカが日本側に、朝鮮国連軍解体後も朝鮮有事における在日米軍の直接戦闘作戦行動を事前協議の対象外にできる取り決めを結ぶよう求めてくることはあってもおかしくなかったし、あるいは朝鮮国連軍が解体されていた場合にその後蒸し返されることも起こりえたと考えられる。もしそうなっていれば、日本政府は非常に困ったであろう。日本外務省にとって、安保改定時に朝鮮議事録という密約を結んだことは負の歴史であり、その後はアメリカ側に同議事録の廃棄を求めていたからである。佐藤＝ニクソン共同声明の韓国条項や佐藤のNPC演説は、朝鮮密約の内容を少しでも公表文書で上書きしようとする、日本政府の努力の表れであった。

最終的には朝鮮国連軍解体論自体が、中国側と調整がつかず立ち消えとなり、朝鮮議事録がこの件で失効するということはなかった。だが以上のことは、在日米軍基地の存在を介して、日米同盟と米韓同盟が密接な関係にあることをよく示している。

ところで、二〇一八年四月二七日に北朝鮮の金正恩《キムジョンウン》朝鮮労働党委員長と韓国の文在寅《ムンジェイン》大統領が署名した「板門店《パンムンジョム》宣言」は、休戦状態にある朝鮮戦争の「終戦」を同年内にも宣言するとしていた。トランプ大統領も同年六月一二日にシンガポールでおこなわれた史上初のアメリカ・北朝鮮首脳会談後の記者会見で、「朝鮮戦争は間もなく終結する」と語った。これらは実現しておらず、先行きも不透明である。しかし、もし朝鮮戦争の終結が宣言され、朝鮮国連軍が解体されるようなことになれば、北朝鮮による瀬取りの監視など、日本の基地がアメリカ以外の国連軍地位協定締約国の軍隊による朝鮮有事以外での多国間安全保障協力の拠点でもあるという現状にも影響するであろう。

3　「米日・米韓両同盟」が支える「極東一九〇五年体制」

同盟間の「有機的連結」

日米同盟は、単に日米両国の「二国間基地同盟」であるだけでなく、在日米軍基地の存在を介して、特に米韓同盟ときわめて密接な関係を有し、アメリカが日本以外の極東防衛にコミットするための土台を提供している。

両者の整合性を考えるうえでの手がかりは、実は西村条約局長が、日米安保条約の特徴を

「物と人との協力」と記したのと同じ著作（初版刊行は一九五九年）のなかに見つけることができる。そこで西村は、こんなことも言っているのである。

「それに、よく考えてみると現に日本、フィリピン、台湾、韓国、沖縄には合衆国軍隊が駐留している。そしてこれらの軍隊はアメリカ合衆国の軍隊として合衆国の一本の統《とう》帥《すい》権の下に動かされている。合衆国とこの四国との四つの安全保障取決めは、合衆国軍隊の駐留という事実を通じて、すでに有機的に連結されているのである」

ここで西村はいみじくも、日米同盟には単なる「二国間基地同盟」である以上の意味があることを言い当てている（前述の「汗顔の至り」という表現とはややトーンが異なる）。アメリカは極東において、日米同盟のほかに、韓国とのあいだで米韓同盟を、台湾とのあいだで米華同盟を、旧植民地のフィリピンとのあいだでも米比同盟をそれぞれ結んでいる。なお米華同盟は米中国交正常化（一九七九年一月一日）後の一九八〇年一月一日に失効したが、アメリカはその後も「台湾関係法」によって「台湾への兵器供給をおこない、台湾への脅威に対抗する」としており、台湾との同盟に近い関係を維持している。そしてこれらの国ぐにに駐留し、もしくはその国の防衛にコミットしているアメリカ軍を動かす指揮権は、結局は

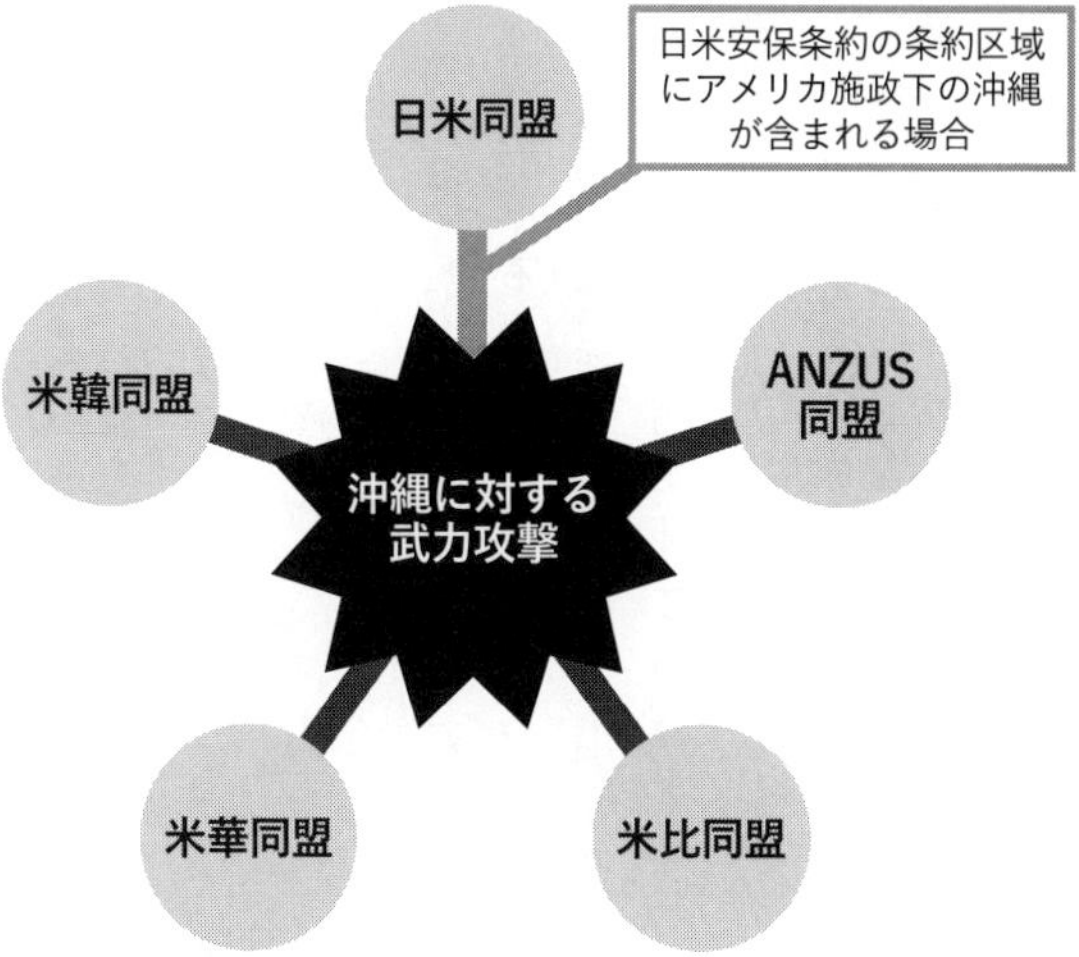

図 1-3
沖縄に対する武力攻撃を結節点とする同盟網連結
出典：筆者作成。

アメリカ軍の最高司令官である大統領の下に束ねられる。

また、次のようなこともいえる。アメリカの施政下にあった返還前の沖縄は、日米安保条約の条約区域には含まれていなかったが、もし含まれていれば（日本政府はその可能性について検討していた）、沖縄に対する武力攻撃が発生した場合に、そのことを結節点として、日米同盟は米韓同盟、米華同盟、米比同盟、ANZUS同盟と目に見えるかたちで連結することになったはずである。というのも、日米同盟以外のこれらの諸同盟はいずれも、条約区域に「西太平洋」あるいは「太平洋」で「アメリカの施政下にある領域」を含む相互防衛条約だからである（図1-3）。実際に返還前の沖縄が日米安保条約の条約区域から除外されたのは、このような同盟網連結問題が生じることと、それに対する日本国内の強い反発が予想されることが理由であった。

こうしたことから、アジア太平洋におけるアメリカをハブとする同盟網は、たしかにNATOのような多国間安全保障機構ではないけれども、かといって必ずしもそれぞれが単体としてバラバラに存在しているわけではない、ということになる。むしろ、西村が言うように「有機的に連結」している。

安保改定時の一九六〇年二月二六日、日本政府は国会で、日米安保条約でいう「極東」の範囲に関する政府統一見解を示した。そこでは、「大体においてフィリピン以北並びに日本及びその周辺の地域であって、韓国及び中華民国の支配下にある地域〔台湾〕もこれに含まれる」とされた。つまりここで極東とは、フィリピン、日本（と沖縄）、韓国、台湾などを指す。西村が言及した国ぐにと完全に符合する。

そして西村が挙げたこれら四か国との四つの安全保障取り決めのなかで、とりわけ密接に「連結」しているのが、これまで見た通り日米同盟と米韓同盟である。

日米同盟と米韓同盟の「有機的な連結」について、日本と韓国は同盟国ではないからこれをまとめて「米日韓三国同盟」などと呼ぶのははばかられる。しかし、やや大胆に、本章冒頭で言及したように「米日・米韓両同盟」と呼ぶことができるかもしれない。極東で、アメリカが中心となった、日本と韓国を相手方とするハブ・アンド・スポークス型の同盟網、という意味である。

そもそも日米同盟と米韓同盟は、いわば「双子の同盟」として誕生した。米韓同盟の起源は、アメリカが朝鮮戦争に介入したことである。この時アメリカが韓国防衛にコミットしたのは、西ヨーロッパ防衛と並ぶ対ソ連封じ込め政策の根幹が東アジアにおける日本防衛であり、その日本にとって地政学上重要な地域が韓国だったからである。そして朝鮮戦争への介入という実戦を通じて、アメリカは韓国防衛にとっての日本の基地の戦略的重要性を痛感し、そのことが日米同盟に発展する。

米韓同盟ははじめからアメリカによる日本防衛を前提として誕生し、日米同盟は、極東、特に朝鮮への関与を前提に成立した。そしてこの二つの同盟は、その後も在日米軍基地の存在を介して連結してきた。これが「米日・米韓両同盟」である。つまり日米同盟は、「二国間」基地同盟としてアメリカの他の同盟網から独立して存在しているわけではなく、現実には「米日・米韓両同盟」とでもいえる安全保障システムのなかの、一機能だと見ることができるのだ。

日本帝国と「極東一九〇五年体制」

それではなぜ「米日・米韓両同盟」を構築する必要があるのか。

この問いに答えるためには、極東地域秩序をめぐる戦前と戦後の連続性に目を向ける必要がある。

改めて考えると、戦前の日本帝国は、極東のほぼ全域を勢力下に置いていた。

日清戦争（一八九四〜一八九五年）に勝利した日本は、一八九五年の下関《しものせき》条約で台湾を獲得した。また、アメリカの仲介の下で日露戦争（一九〇四〜一九〇五年）を終結させた一九〇五年九月四日署名のポーツマス条約によって、日本が朝鮮で優越権を持つことが受け入れられた。これに先立つ七月二七日の桂＝タフト（桂太郎《かつらたろう》総理兼外相とウィリアム・タフト米陸軍長官）協定交換および八月一二日の第二次日英同盟協約署名により、アメリカとイギリスも、韓国に対する日本の保護権を認めていた。日本が極東で覇権を打ち立てることについては、特に一九〇五年以降は国際的に承認されていた。

これをもって日本の朝鮮・台湾への植民地支配が正しかったということにはならないが、一方で大国間の都合により、小国の犠牲のうえに国際秩序が形成されるのが、当時の国際政治における冷厳な現実でもあった。

本章冒頭でも述べたように、ここでは、東アジアにおける伝統的な覇権国である中国が弱体、あるいは自制的であることを前提に、日本と、日本にとって地政学上重要な朝鮮（少なくともその南部）、台湾が、パワーの裏づけによって同一陣営にグリップされているという極東地域秩序のことを、これもやはり大胆だがポーツマス条約が結ばれた年になぞらえて「極東一九〇五年体制」と呼んでみたい。日本から見れば、このような秩序によって、自らの安全を確保することができた。また、極東に「力の空白」を生じさせたり、域内紛争を起こしたりしない効果もあった。

なお、ここでは西村が挙げた国ぐにから、旧アメリカ領という特性を持つフィリピンは除かれる。

極東条項と朝鮮密約の意味

この「極東一九〇五年体制」が崩壊の危機に直面したのが、一九四五年の太平洋戦争終結に際してであった。アメリカが、日本帝国を打倒し、植民地を放棄させたからである。

このことは、日本の非軍事化とは別次元で、戦後の日本の安全保障を大きく左右する問題であった。日本が放棄した朝鮮や台湾といった本土以外の旧日本帝国領が「力の空白」地帯となる結果、極東でアメリカ、ソ連、中国といった大国間のパワーゲームが展開されるおそれが生じた。また日本と、「極東一九〇五年体制」のグリップから外れる韓国や台湾が、それぞれ独自に向き合わなくてはならない可能性もあった。これらは極東で二〇世紀初頭以来の地政学的大変動を引き起こす危険があった。実際に朝鮮では戦いの火蓋《ひぶた》が切られた。

ただ、朝鮮戦争休戦以降は、日本を含む極東で大規模な武力衝突は発生しなかった。それは、太平洋戦争終結以前の日本による覇権が失われたあとの「力の空白」が、アメリカによる極東への防衛コミットメントによって埋められ、かつアメリカの存在を介して、日本、韓国、台湾が引き続き同一陣営にグリップされることになったためである。

第二次世界大戦の西側主要戦勝国は、アメリカを中心に、核を頂点とする強大な兵器体系、グローバルな基地ネットワーク、それらを運用する連合指揮系統やインテリジェンス（情報）共有の枠組みなどをつくり上げていった。

軍事史家の柴山太《しばやまふとし》の大局的観点に立った研究によれば、冷戦が始まると、西側主要国であるアメリカ、イギリス、カナダとフランスは、ソ連との第三次世界大戦を想定し、グローバルな防衛責任に関する役割分担を取り決めた。このうち、西ヨーロッパはアメリカ、イギリス、フランスの、中東はアメリカとイギリス連邦（イギリスと旧イギリス植民地から独立した諸国の連合体）の、そして極東はアメリカの担当地域であった。

もともとアメリカは戦時中から、日本軍国主義の危険を根絶するため、戦後極東を自国の覇権の下に置く構想を持っていた。だからこそ日本帝国との妥協的和平を拒否し、「無条件降伏」を勝ちとるまで戦ったのである。

なお今日アメリカ、イギリス、カナダとともにインテリジェンス共有の枠組みであるいわゆる「ファイブ・アイズ」の一角を占めるオーストラリアとニュージーランドでさえ、西側主要国の決定事項を通達されるだけであった。敗戦国日本とその旧植民地韓国は、世界全体を覆《おお》うこうした大きな力が作用するなかで、西側同盟網に組み込まれていったわけである。

元外交官で、内閣官房副長官補も務めた兼原信克《かねはらのぶかつ》は、戦後アメリカは旧日本帝国に代わってその勢力圏の大半を引き継ぎ、旧アメリカ領フィリピンとともにその防衛に責任を負うことになったとの見方をとる。国際政治学者の中西寛《なかにしひろし》もこう言っている。「朝鮮半島の北緯三八度線や台湾海峡は東西対立の軍事的境界線となり、その保全がアメリカの東アジア冷戦政策の柱となった。この境界線は明治日本が創出した帝国圏に類似した構造を日本領域周辺に生じさせ、しかもその軍事的保全について日本は第一義的に米軍とその同盟国に委ねることができることを意味していた」。いずれも慧眼《けいがん》であるといえる。

実は昭和天皇も、極東の「力の空白」地帯を埋めるためのアメリカの防衛コミットメントの重要性をよく理解していた。一九四八年二月末、天皇は御用掛《ごようがかり》であった外務省の寺崎英成《てらさきひでなり》を通じ、GHQのウィリアム・シーボルド外交局長に、アメリカが「南朝鮮、日本、琉球《りゅうきゅう》、フィリピン、そして可能ならば台湾」を「米国の最前線地域」として防衛すべきだと伝えていた。

そうすると、戦前以来の「極東一九〇五年体制」は、アメリカの冷戦戦略に合致し、基本的に戦後も維持されたと考えることができる。朝鮮戦争とは、力と力のぶつかり合いを通じて、「極東一九〇五年体制」の維持を関係国間で合意させた戦争だったのだ。台湾についても、朝鮮戦争中に中国側はアメリカが台湾防衛から手を引くよう迫ったが、アメリカは応じなかった。そして「極東一九〇五年体制」という地域秩序を、戦前の日本帝国の覇権に代わり戦後支えているのが、アメリカの極東防衛コミットメントの土台となる「米日・米韓両同盟」なのである。

戦後初期にアメリカが考えた「太平洋協定」構想がうまくいかなかったのは、フィリピンやオーストラリア、ニュージーランドが反対したことだけが理由だったとは言い切れない。そのような多国間安全保障機構は、「極東一九〇五年体制」というこの地域に求められるもっとも基本的な秩序の在り方とはじめからズレており、どのみち頓挫《とんざ》した可能性がある。

こう考えれば、一見不可解にも思われる極東条項と朝鮮密約の意味もはっきりと見えてくる。見えてくるどころか、それらが余計なものではなく日米同盟にとってむしろ必要不可欠の要素だということに気づかされるだろう。すなわち、「米日・米韓両同盟」の「ちょうつがい」なのである。

朝鮮と異なる台湾

ところで、戦後の「極東一九〇五年体制」のなかで、昭和天皇も留保したように、朝鮮とはやや異なる扱いとなったのが台湾である。

戦後日本は当初、共産化した大陸中国とは国交を結ばず、経済復興のためには代わりに東南アジアとの交易を活発化させる必要があった。そのためアメリカ政府内では、日本と東南アジアを結ぶ航路上にある台湾の戦略的価値を高く評価する見方もあった。封じ込め政策の立役者である国務省政策企画室長ジョージ・ケナンは、アメリカが台湾を占領できるのであれば、朝鮮は戦略的に不要であるとさえ考えていた。

アメリカはその後の沖縄返還交渉の際にも、在日米軍の直接戦闘作戦行動に関する事前協議の対象外となる地域に、それまでの朝鮮だけでなく、新たに台湾を加える可能性を探ってきていた。このこと自体は日本側が拒否したため実現しなかったが、佐藤＝ニクソン共同声明第四項で佐藤総理は、韓国と並んで台湾にも言及し、「台湾地域における平和と安全の維持も日本の安全にとってきわめて重要な要素」と述べることになる（「台湾条項」）。

しかしここで日米両国が朝鮮の場合とちがって意識しなければならなかったのは、中国への配慮であった。中国は、台湾は中国の一部であると強く主張している。

外交史家の中島琢磨《なかしまたくま》によれば、そもそもアメリカが沖縄返還交渉の過程で台湾を在日米軍の直接戦闘作戦行動に関する事前協議の対象外にしようとしたのも、中国との対決姿勢を強めるためではなかった。逆に、米中和解を見すえて、中国との緊張回避のために、台湾防衛用のアメリカ軍の兵力を台湾以外に置き、台湾防衛には日本にも恒常的に寄港する第七艦隊、および沖縄（とフィリピン）の航空兵力であたることを検討していたためであった。

こうした中国側への配慮のため、日米同盟と米韓同盟の関係に比べて、結局これらと米華同盟（あるいは米台安全保障連携）の関係は希薄なものとなり、「米日・米韓両同盟」は「米日・米韓・米台三同盟」といえるまでには発展しなかった。

それどころか、米中和解によって高まった日中国交正常化（一九七二年九月二九日）に向けた機運のなかで、日本外務省中国課は、台湾を日米安保条約の使用区域から除外することさえ提案していた。これについては一九七二年九月一、二日に開かれた田中《たなか》（角栄《かくえい》）＝ニクソン日米首脳会談で、日中国交正常化に際しても使用区域からの台湾の除外はおこなわないことでまとまった。

一国平和主義との相克

日米安保条約をめぐるわだかまりは、すべて憲法第九条との齟齬《そご》に起因するように考えられがちである。たしかに憲法第九条を、自衛権を放棄して国連もしくは中立による安全を求めるものと解釈した場合は、日米同盟は憲法第九条と本来水と油の関係ということになる。

一方、同条については既に、自衛権を否定したものではないとの解釈がとられている。だとすると、「日米同盟は憲法第九条の下での自衛のための実力の保持を補完するもの」となるのが論理的帰結である。つまり日米同盟と憲法第九条の整合性それ自体に問題があるわけではないはずである。にもかかわらず、実際には日米安保条約の極東条項が争点となり、朝鮮議事録を密約という不健全なかたちで処理しなければならなかった。

次章で詳しく見るように、憲法第九条の下で日本が保持できる実力は、「自衛のための必要最小限」の範囲にとどまるものでなければならないとの解釈がとられている。このことが、日米同盟に対して制約を課すものとなっている（その典型例が、集団的自衛権行使違憲論）。ただそれだけでなく、仮に憲法第九条が改正され、自衛隊の合憲性が明記されたり、あるいはそこからさらに進んで日本が保持する実力についての「必要最小限」という制限が取り除かれたりしたからといって、日本が朝鮮有事における在日米軍の直接戦闘作戦行動を事前協議で制約しようという発想は、ただちには解消されないであろう。ここで、憲法第九条の存在だけに還元できない「外部との線引きの問題」に目を向ける必要がある。

戦後の日本人のあいだでは、安全保障をめぐって日本一国の枠のなかで物事をとらえる考えが定着してしまっている(憲法第九条が規範的な根拠を提供している)。そこでの許容範囲は、アメリカによる日本防衛までであり、アメリカの極東防衛コミットメントとつながることは対象外となる。

そしてこのような認識は、ここまで見たような、日米同盟が「極東一九〇五年体制」という地域秩序を支える「米日・米韓両同盟」の一機能であるという、戦略的・地政学的現実との相性がきわめて悪い。

日本人は極東有事における在日米軍の直接戦闘作戦行動によって、日本が「日本と関係のない外国」での戦争に巻き込まれる危険を恐れてきた。だから極東条項は嫌われ、アメリカ軍の行動に協力するというより、それに制約をかけようという発想になる。

ところが、朝鮮有事における在日米軍の行動に事前協議制度で制約をかけることは、「米日・米韓両同盟」の一機能であるという日米同盟の本来の性格にそぐわない。しかし、事前協議で制約しなければ、一国平和主義的な安全保障観と齟齬が出る。そのような板挟みのなかで、朝鮮議事録という密約が生み出されたのである。

つまり日米安保条約をめぐるわだかまりは、一国平和主義的な安全保障観と、日米同盟の戦略的・地政学的現実とのギャップという、戦後極東世界がはじめから抱えていた欠陥が表出したものなのである。

アメリカの朝鮮政策の転換

戦後日本で一国平和主義的な見方が定着していくなかで、アメリカにも「極東一九〇五年体制」を支えなければならないという意識がはじめからあったわけではない。むしろGHQは、「極東一九〇五年体制」の意味を理解せず、日本の安全保障にとっての朝鮮の戦略的価値を軽視していた。

第二次世界大戦中の一九四三年一一月二七日に連合国が発表したカイロ宣言は、当時日本領であった朝鮮の扱いについて、「やがて朝鮮を自由独立のものにする」と述べていた。そして一九四五年二月のヤルタ会談の時点では、アメリカはソ連の対日参戦を前提に、朝鮮全域がソ連軍の占領地区に編入されることすら念頭に置いていた。

柴山によれば、日本占領初期のGHQは、もしソ連と戦争になった場合は、朝鮮駐留米軍を日本に撤退させ、日本自体を防衛線にすることを想定していた。一九四六年一一月七日、マッカーサー元帥は来日した陸軍省参謀にこの構想について説明したうえで、具体的に朝鮮からの撤退作戦のための五〇隻の戦車揚陸艦（LST）と、同作戦を支援する航空兵力の拠出を要求した。そして実際に朝鮮駐留米軍は一九四九年六月三〇日までに撤退してしまう。

GHQによる朝鮮の戦略的価値の軽視は、一九五〇年一月一二日にアチソン国務長官が言及した「不後退防衛線」、いわゆる「アチソン・ライン」と軌《き》を一《いっ》にしている。アチソンは、アメリカがアジアにおいて防衛責任を負う範囲を、アリューシャン列島、日本、沖縄、フィリピンを結ぶ線の内側とし、ここから朝鮮（および台湾）を除外した。このことが北朝鮮による韓国侵攻の誘因の一つとなったとも考えられている。

ところが朝鮮戦争が始まると、これが潮目《しおめ》となり、アメリカは韓国防衛にコミットすることを決断する。アメリカは変わった。しかし日本は変われなかった。

なお本章のテーマとはやや異なるが、日米同盟には核をめぐる「密約」も存在した。一つは安保改定時に結ばれた、核搭載《とうさい》米艦船の日本への一時寄港をやはり事前協議の対象外とするもの、もう一つは前述の通り返還後の沖縄への核再配備をめぐるものである。公表すれば、安保改定も沖縄返還も日本側で国内世論の反発を浴びて頓挫した可能性がある。これらの問題からは、日本人が核をめぐっても、日本と日本国外で線引きをしようとする態度がうかがえる。ここでは深く立ち入らないが、そのような姿勢の合理性にも疑問が残る。

またこの点を含めて密約問題有識者委員会は、朝鮮密約は「狭義《きょうぎ》の密約」なのに対し、安保改定時の核密約は「広義の密約」、沖縄核密約は「必ずしも密約とは言えない」といったように、これらを一律のものとしては評価していない。密約の強度をめぐるこのような差異は、朝鮮密約とその他の「密約」との「米日・米韓両同盟」にとっての重要度のちがいとしても理解できるのではなかろうか。

＊

戦後日本の安全保障をめぐっては、外部との線引きに関する問題がある。日米安保条約をめぐっても、同条約がアメリカの極東防衛コミットメントとのつながりを持つことは危険だとみなされてきた。そこで、極東有事における在日米軍の行動に制約をかけ、日本が戦争に巻き込まれないようにすることが重視されてきた。

しかし、日米同盟は「極東一九〇五年体制」という二〇世紀初頭以来の地域秩序を支える、「米日・米韓両同盟」の一機能でもあるというのが、戦略的・地政学的現実である。だからこそ、日米安保条約には極東条項が置かれ、朝鮮有事における在日米軍の直接戦闘作戦行動を事前協議の対象外とする密約たる朝鮮議事録が「ちょうつがい」として存在し、日米同盟と米韓同盟が在日米軍基地の存在を介して有機的に連結するようにできているのである。つまり日米同盟は、冷戦が生んだ単なる「二国間基地同盟」、あるいは二国間の「閉じられた同盟」であることを超えて、はじめから極東地域に「開かれた同盟」なのだ。

朝鮮密約は、日本による「国連軍」への貢献であるとの建前をとっている。しかし、国連ができるずっと以前から、朝鮮は日本にとって地政学上重要な地域であった。そのことは仮に将来、朝鮮国連軍が解体されることになっても変わらないはずである。

たしかに、極東有事における在日米軍基地の使用の在り方は、日米間の対等性に関わる問題である。ただ、対等性のみならず、戦略的・地政学的現実に根ざす同盟の「実効性」の確保とのバランスという観点も重要であることは見落としてはならないであろう。

なお、本章では主に日米同盟が「物と人との協力」の次元で米韓同盟と連結することについて見たが、実は「人と人との協力」の面でも関わりを持つものであった。この点については、第4章で詳しく見ていくことにしよう。

第2章　憲法第九条——「必要最小限の実力」を求めて

1　戦力不保持の裏面

憲法と安全保障

日本国憲法第九条は一般に「戦争放棄」条項と呼ばれるが、厳密には「戦力不保持」条項と呼ぶ方が適当である。

憲法第九条が放棄している「戦争」とは、侵略戦争のことである。現代の国際法では武力行使は禁止されており、その例外が、「国連安保理が侵略であると認定した行為に対する国連の枠組みでの武力行使」、すなわち「集団安全保障」の場合である。そして国連による集団安全保障が、安保理常任理事国の拒否権によって機能不全に陥る場合（が通常であるが）、これに代わる強制措置として国連憲章第五一条で認められているのが、自衛権の行使である。ちなみに国連による集団安全保障は、本来ヤルタ体制、すなわちアメリカとソ連の協調の下で第二次世界大戦の敗戦国であるドイツや日本を管理するという戦後秩序構想を体現するためのものであった。だからこそ、安保理常任理事国は主要戦勝五か国（アメリカ、ソ連、イギリス、フランス、中国）で独占的に構成された。冷戦が始まってヤルタ体制が瓦解したことで、国連による集団安全保障が機能しなくなったのは当然であった。

さて自衛権には、国連憲章第五一条が明記しているように、「個別的自衛権」と「集団的自衛権」の二種類がある。前者は「自国への攻撃に対する自衛権」を、後者は「自国と密接な関係にある他国への攻撃に対する自衛権」を意味する。「集団的自衛権」と「集団安全保障」は別物である。

したがって、憲法第九条第一項で侵略戦争を「放棄」しているのは、国際法に照らして特異なことではない。

憲法第九条の特色は、むしろ第二項の「陸海空軍その他の戦力は、これを保持しない」という「戦力不保持」規定にある。ところが現実には、日本には陸海空自衛隊が存在する。戦後日本の安全保障論争はつまるところ、「自衛隊は戦力か」、ひいては「そもそも戦力とは何なのか」をめぐるものであった。

日本政府は、「自衛のための必要最小限の実力」を持つことは、憲法第九条が禁止している「戦力」の保持に該当しない、との解釈をとっている（「必要最小限論」）。自衛隊という実力組織の存在が違憲でないのは、自衛のための必要最小限の実力組織だからである。

このような解釈が確立したのは、一九五四年のことであり、実は日米安保条約の成立よりもあとである。

そして憲法と安全保障の関係について近年問い直されたのが、二〇一五年九月一九日に制定された平和安全法制をめぐってであった。とりわけ争点となったのが、これまで憲法上許されないとされてきた集団的自衛権行使の限定容認についてである。そして「集団的自衛権行使の限定容認が立憲主義に反するか否か」をめぐり、国民的な議論を呼び起こした。

しかし、そもそも集団的自衛権行使違憲論は、純粋な憲法論にもとづいて組み立てられた考え方ではない。戦後のある時期に、ある政治的必要性からつくり出された憲法解釈なのである。実は集団的自衛権行使が違憲とされたのは、やや逆説的だが、「自衛隊の合憲性を守るため」であった。自衛隊が生まれた時、その合憲性は必要最小限論という憲法解釈で担保することになった。集団的自衛権行使違憲論は、集団的自衛権を「捨て石」として、「自衛のための必要最小限」の基準を明確にし、それによって自衛隊の合憲性を守るための苦肉の策であり、「手品」なのだ。

ところが、このようなある一時期の試行錯誤の結果、その場しのぎでつくられた仕組みが、いったんつくられると変えることができなくなり、その後の安全保障政策を長く拘束することになった。前章で見た、外部との線引きの問題に対し、こちらは国内の体制に関するもので、一度つくった仕組みにしばられる、という問題である。

平和安全法制の制定は、たしかに集団的自衛権をめぐる「内部でのしばりの問題」に対する一定の解決であった。ただ解決策として、引き続き必要最小限論に依拠する以外に、後述するいわゆる「芦田《あしだ》修正論」を用いるという代替案があった。戦後日本における「真の憲法論争」は、「護憲か、改憲か」というより、「必要最小限論か、芦田修正論か」をめぐってなされてきた。結局、平和安全法制は依然として必要最小限論にもとづくものとなった。平和安全法制ができたからといって、憲法解釈の本質は変わっていないのである。

天皇制存続とのバーター

集団的自衛権行使違憲論について踏み込む前に、まず憲法第九条そのものの成立過程を確認しておきたい。

憲法第九条成立の背景として多くの人びとがイメージするのは、戦後の日本人が抱いた、第二次世界大戦のような悲惨な戦争を二度と繰り返してはならないという決意と、戦後の平和国家建設への希望であろう。そのような決意や希望が戦後日本の道標《みちしるべ》となったのはたしかである。また連合国側も、日本の非軍事化政策をとっていた。

ただ、漠然《ばくぜん》とした道標や抽象的な政策ではなく、「憲法に戦力不保持条項を盛り込む」という具体的な措置がとられたのには、もっと直接的な理由があった。

新憲法制定に際しての、戦争終結過程から引き続く日本側の最重要課題は、「国体《こくたい》」（天皇を中心とする国の在り方）の護持《ごじ》であった。ところがポツダム宣言は、降伏後の天皇制の扱いについて明言していなかった。

ポツダム宣言受諾に先立つ一九四五年八月一〇日、日本は連合国側に、同宣言を「天皇の国家統治の大権を変更するの要求を包含し居《お》らざることの了解の下に」受諾すると申し入れた。これに対する八月一二日の連合国側の回答（ジェームズ・バーンズ米国務長官の名前をとって「バーンズ回答」と呼ばれる）は、日本側からの照会にイエスともノーとも答えなかった。その代わり、ポツダム宣言の条項を繰り返し、「降伏の時より、天皇及日本国政府の国家統治の権限は〔中略〕連合国最高司令官の制限の下に置かるる（be subject to）ものとす」と述べるにとどまった。

連合国側には、天皇制を日本軍国主義の元凶とみなし、天皇制の廃止や昭和天皇に対する処罰を求める声も根強かった。かといって天皇制廃止を明言すれば、日本軍が頑強に抵抗し、降伏を拒否する可能性が高まるので、連合国側はこの問題についてあいまいな態度をとり続けた。

日本側はやむなく、バーンズ回答通りにポツダム宣言を受諾するとの決断を下した。結局、日本が固執した国体護持のゆくえは、降伏の時点ではあいまいなままであり、八月一五日に発表された「終戦の詔書《しょうしょ》」のなかで天皇の言葉として、「朕《ちん》は茲《ここ》に国体を護持し得て」と一方的に言い放つにとどまった。戦後における天皇制の在り方に関する最終的な決着は、戦場から会議室へと持ち越されることになる。

日本側が恐れたのは、連合国が日本側の戦争犯罪人を裁く極東国際軍事裁判（東京裁判。一九四六年五月三日開廷）で、天皇が訴追されることであった。同裁判では一九四八年一一月一二日の判決でA級戦犯二五名が有罪となり、うち七名には死刑判決が下って同年一二月二三日に執行される。

そこで日本側が心血を注いだのは、まずは東京裁判での天皇の訴追を回避し、そして天皇制そのものの存続を確保することであった。日本政府の目標は、戦争終結前後で断絶しているのではなく、一貫している。このことを見落としてはいけない。

国体が危機に瀕《ひん》しているのは、連合国側の一部が、天皇制こそが日本軍国主義の元凶だと決めつけているからであった。要するに連合国側が本当に求めているのは、日本軍国主義の根絶である。とすると、日本軍国主義の根絶を別の方法で世界に示すことができれば、天皇制存続は確保できるかもしれない。

一方、日本占領の現場をあずかる連合国軍最高司令官マッカーサー元帥は、被占領下にある日本人を手なずけ、円滑な占領統治をおこなうためには、天皇制存続を認めることが不可欠だと判断していた。ただ、マッカーサー自身、天皇制存続を認めても危険はないといえる理由を、ワシントンに、そして他の連合国に説明しなければならなかった。

そこでGHQと日本政府のあいだで成立したのが、天皇制を廃止しないことの代わりに、日本軍国主義の牙が抜かれたことを世界に明らかにするため、新憲法のなかに戦力不保持条項を盛り込む、という取り引きだったのである。

つまり憲法第九条は、本来戦力不保持そのこと自体を目的としてつくられたというより、あくまで天皇制存続という真の目的とのバーターとして、やむなく生み出されたという面がある。戦力不保持とは、天皇制を守るためのいわば「捨て石」なのであった。これこそが、その後に起こったすべての起源であった。

沖縄の「要塞化」が前提

もともと憲法第九条は、国連と同様、ヤルタ体制を前提につくられたものだった。ただ、やがて冷戦が始まり、憲法第九条と現実の国際政治とのあいだにねじれが生じることになっても、アメリカは動じなかった。実際、マッカーサーやGHQのスタッフたちは、軍人としてそれなりにしたたかであった。彼らは必ずしも理想主義者だったわけではなく、たとえ日本が憲法第九条の下で戦力を保持しなくとも、彼らなりの地政学的な認識に照らして、戦後の日本の安全を確保することができると考えていた。

一九四九年三月三日、マッカーサーは記者会見で、日本が「太平洋のスイス」になること、すなわち憲法第九条の下で講和後の日本が中立国となることへの期待を示した。ただ実はマッカーサーの日本中立化構想は、沖縄にアメリカ軍が二九か所の飛行場を建設しており、そこからB-29爆撃機を一日に延べ三五〇〇回発進させることができるので、ソ連が制空権を確保することを防止できるという軍事戦略を前提とするものであった。

また新憲法施行から一年も経たない一九四八年三月二二日の時点で、マッカーサーは来日した国務省政策企画室長のジョージ・ケナンに次のように語っている。「適切な空軍力を沖縄に配備すること」によって、日本を外敵の攻撃から守りうる。沖縄は強力かつ効果的な空軍の作戦を準備するのに恰好《かっこう》の広さがあり、沖縄に配備された空軍によって、ウラジオストクからシンガポールにわたって敵軍ならびに港湾設備を確実に破壊しうる。それゆえ、沖縄を適切に整備し、「要塞化《ようさいか》」するならば、外敵の攻撃から日本の安全を守るために「必ずしも日本の国土の上に軍隊を維持する必要はない」。

さらにマッカーサーは、ソ連の対日侵攻を阻止するために、極東戦域に九発の原爆を準備することを考えていた。実際に一九五四年一二月からアメリカ軍によって沖縄に核兵器が配備される。

つまりＧＨＱは、アメリカ軍が沖縄を「要塞化」することを必要条件として、憲法第九条の下での日本「本土」での戦力不保持や中立（実際には限定的再軍備と日米同盟の組み合わせ）が可能になると考えていたのである。

実際に沖縄は講和後も日本本土から切り離されて引き続きアメリカの施政下に置かれ、返還後も本土以上に多くの米軍基地が残されることになっている。

なお核については、その再配備をめぐる「密約」を別にすれば、アメリカ本土のＩＣＢＭ（大陸間弾道ミサイル）やグアムのポラリス潜水艦、Ｂ-52爆撃機が運搬手段の主力となったことなどから、沖縄に配備しておく軍事的な意義は六〇年代終わりまでに低下する。

このように憲法第九条は、理想だけにもとづいてつくられたのではない。この条項は、まずは天皇制存続とのバーターとして、ＧＨＱと日本政府のあいだの取り引きの結果生み出され、なおかつ「本土」の戦力不保持を、沖縄がアメリカ軍によって軍事的に要塞化されるのを前提として定めたものなのである。

2 「捨て石」としての集団的自衛権

集団的自衛権行使違憲論

その後、朝鮮戦争の勃発などで冷戦が激化すると、占領下の一九五〇年八月一〇日に日本本土においても警察予備隊が創設されることになった。そして憲法第九条をめぐる政府解釈は講和後も紆余曲折《うよきょくせつ》を経て、一九五四年に確立する。日本政府が、集団的自衛権行使は違憲であるとの立場を初めて示したのも、同年六月三日の国会での下田武三《しもだたけぞう》外務省条約局長答弁においてであった。

このなかで下田は集団的自衛権について、「自分の国が攻撃されもしないのに、他の締約国〔同盟条約の相手方〕が攻撃された場合に、あたかも自分の国が攻撃されたと同様にみなして、自衛の名において行動するということ」と定義した。そのうえで、「日本自身に対する直接の攻撃あるいは急迫した攻撃の危険がない以上は、自衛権の名において発動し得ない」と明言した。

霞が関において、条約局長は一日も二日も置かれる高い権威を帯びたポストである。その条約局長の国会答弁は重く、これが集団的自衛権行使違憲論の淵源《えんげん》にあたる。この四年後の一九五八年一〇月から日米安保改定交渉が始まるが、日本側交渉担当者の東郷文彦《とうごうふみひこ》外務省安全保障課長は、この当時既に政府内で集団的自衛権行使違憲論がとられており、交渉の帰趨《きすう》に影響したことを証言している。

下田答弁の趣旨は、その後政府解釈に格上げされた。一九七二年一〇月一四日の国会への政府提出資料で、「他国に加えられた武力攻撃を阻止することを内容とする集団的自衛権の行使は、憲法上許されない」とされた（「一九七二年見解」）。

さらに一九八一年五月二九日の政府答弁書は、改めて集団的自衛権を、「自国と密接な関係にある外国に対する武力攻撃を、自国が直接攻撃されていないにもかかわらず、実力をもって阻止する権利」と定義した。そして、憲法第九条の下で許容される自衛権の行使は、「わが国を防衛するため必要最小限の範囲にとどまるべきもの」であり、集団的自衛権の行使は「その範囲を超えるものであって、憲法上許されない」との解釈が明確化された（「一九八一年見解」）。

しかし、集団的自衛権行使について政府がいったん違憲とする立場を示したのだから違憲だ、だからこのことについての解釈を変えるのは立憲主義に反する、と断じてしまう前に、なぜ、そしてどうして一九五四年というタイミングで、集団的自衛権行使違憲論の淵源となる説明が展開されたのかを考えてみる必要がある。というのも、集団的自衛権行使がそもそもなぜ違憲とされたのかは、よく分かっていないからである。

政府側は新憲法施行から八年目にして、第九条の条文を純粋な気持ちで読み返してみたところ、集団的自衛権行使は違憲だと気づき、そのことを国民に発表したのであろうか。

実はこのタイミングで集団的自衛権行使を違憲とするような答弁がおこなわれたのには、差し迫った政治的な必要性があった。集団的自衛権行使違憲論とは、そのような政治的必要性を満たすために演じられた一種の手品なのである。以下では国際政治学者の田中明彦《あきひこ》や、坂元一哉の指摘などにもとづいて、この手品の種明かしをしていきたい。

近代戦遂行能力説

自衛隊発足前の保安隊（一九五二年一〇月一五日設置）・警備隊（同年八月一日設置）時代、日本政府は憲法第九条について、いわゆる「近代戦遂行能力説」という解釈をとっていた。

吉田茂政権は一九五二年一一月二五日の閣議で、内閣法制局の解釈にもとづき、憲法第九条に関する次のような政府統一見解をまとめた。憲法第九条第二項は「侵略の目的たると自衛の目的たるとを問わず『戦力』の保持を禁止している」。ただ、ここでいう「戦力」とは、「近代戦遂行に役立つ程度の装備、編成を具《そな》えるもの」を指す。したがって、「『戦力』に至らざる程度の実力を保持し、これを直接侵略防衛の用に供すること」は「違憲ではない」。

この政府統一見解は続けて、保安隊と警備隊の本質は「警察上の組織」なので「戦争を目的として組織されたものではないから、軍隊でないことは明らか」であるとした。また「客観的にこれを見ても保安隊等の装備編成は決して近代戦を有効に遂行し得る程度のものでない」として、「憲法上の『戦力』には該当しない」と結論づけている。

つまり、日本の実力組織が合憲か違憲か、言い換えると憲法が保持することを禁止している「戦力」に該当するかどうかは、当該実力組織が「近代戦遂行能力」を持つか否かという基準で判断される、という解釈である。保安隊や警備隊は近代戦遂行能力を持たない。よってこれらの実力組織の保持は違憲ではない。日本の実力組織の合憲性は、当初はこのように説明されていた。

自衛隊発足と必要最小限論への転換

ところが、このころのアメリカはソ連との冷戦のなかで、日本に再軍備を強く要求していた。また、吉田自由党政権は一九五三年四月一九日におこなわれた衆議院総選挙（いわゆる「バカヤロー解散」を受けたもの）の結果少数与党内閣に転落しており、憲法改正・本格的再軍備を通じた自主防衛を掲げる野党改進党に譲歩して政権運営せざるをえなかった。九月二七日、吉田は改進党総裁の重光葵《しげみつまもる》と会談し、保安隊・警備隊に代えて新たに「自衛隊」を創設すること、この自衛隊の任務に直接侵略に対する防衛を加えること、長期防衛力整備計画を策定することなどで合意した。

これを受け、一九五四年六月九日に防衛庁設置法と自衛隊法（防衛二法）が公布された。六月九日といえば、下田答弁のわずか六日後である。そして七月一日にそれまでの保安庁が防衛庁に、保安隊は陸上自衛隊に、警備隊は海上自衛隊となり、航空自衛隊が新設された。

それまでの保安隊や警備隊が、警察力の延長線上にある組織だという体裁がとられていたのに対し、新たに発足した自衛隊には「我が国の平和と独立を守り、国の安全を保つため、我が国を防衛する」（自衛隊法第三条）という、れっきとした防衛任務が付与された。ここで近代戦遂行能力説との齟齬が生じる。近代戦遂行能力なしに、防衛の任務にあたれるわけがないからである。実際に内閣法制局を中心に、従来の近代戦遂行能力説で自衛隊の合憲性を担保することは困難だと考えられるようになった。

そこで日本政府は、憲法第九条に関する解釈を変更した。同年一二月二二日、鳩山一郎《はとやまいちろう》政権（吉田政権に代わり同月一〇日に発足）は国会で新たな政府統一見解を発表する。ここで示されたのが、今日にいたる憲法第九条に関する政府解釈の基本となる、必要最小限論である。

鳩山政権の政府統一見解は、次のような新たな説明をおこなった。憲法は自衛権を否定していない。自衛権は国が独立国である以上、その国が当然に保有する権利である。憲法は戦争を放棄したが、自衛のための抗争は放棄していない。憲法第九条は、独立国としてわが国が自衛権を持つことを認めている。したがって、「自衛隊のような自衛のための任務を有し、かつその目的のため必要相当な範囲の実力部隊を設けることは、何ら憲法に違反するものではない」。

警察力の延長だとされた保安隊や警備隊の合憲性は、近代戦遂行能力説によってなんとか確保できた。その保安隊・警備隊が、防衛を任務とする自衛隊に変わり、近代戦遂行能力説による実力組織保持の合憲性の確保が困難になる。すると今度は必要最小限論、すなわち近代戦遂行能力の有無にかかわらず、実力組織が「自衛のために必要最小限のものかどうか」を判断基準として、この基準以下であれば合憲だとする解釈に置き換わった。

なお鳩山自身は元来改憲論者であったが、総理就任後に国会で、防衛二法の成立によって必要最小限論による解釈が適当だと「考えを改めちゃったのであります」と説明している。

そして自衛のための実力組織の保持とセットになるのが、「自衛権発動の三要件」である。一九五四年四月六日の国会における佐藤達夫内閣法制局長官答弁により、自衛権発動については、①「急迫不正の侵害」があること、②「それを排除するために他に手段がない」こと、③「必要最小限度それを防御《ぼうぎょ》するために必要な方法をとる」ことが要件とされていた。

必要最小限論という発想は、日本の実力組織がもともと「警察」予備隊としてスタートした経緯とも無縁ではないだろう。通常、警察が対峙《たいじ》するのは、重武装した外敵ではなく、自国民（のうちの犯罪者）である。したがって、警察権の発動は除去すべき危険の程度に比例した「必要な最小限の限度」にとどめなければならない、とする「警察比例の原則」（警察官職務執行法第一条第二項）がある。つまり必要最小限論には、自衛隊の「出自」をめぐる影がつきまとっているともいえる。

九〇度回転

自衛隊の合憲性は、必要最小限論という憲法解釈の採用によって確保された。ところが、これですべてが丸くおさまるわけではなかった。なぜなら、自衛のための必要最小限かどうかが実力組織の合憲性を判断する基準であるとすれば、今度は、では一体何をもって必要最小限の自衛といえるのかという、「必要最小限」そのものの基準を示さなければならなくなったからである。すべてが必要最小限、という話は通らない。日本の実力組織が必要最小限以下か以上かを明確に示す基準が、それこそ必要になった。

そこでこのことに苦慮する政府側が着目したのが、国際法上自衛権は二種類ある、ということだったのではないか。

国際法上、自衛権は二種類ある。自国への攻撃に対する自衛権が個別的自衛権であり、自

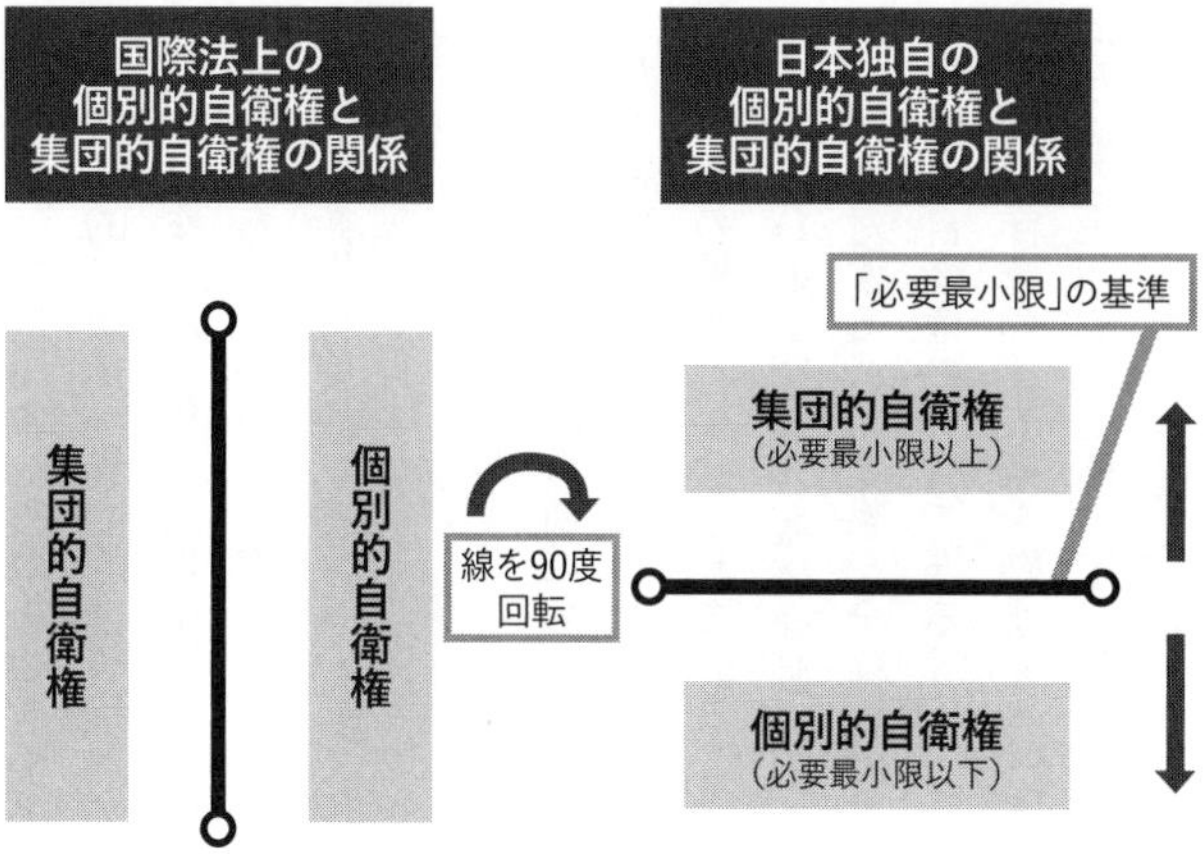

図2-1
個別的自衛権と集団的自衛権
出典：筆者作成。

国と密接な関係にある他国への攻撃に対する自衛権が、集団的自衛権である。

これら二種類の自衛権は、本来は単に横並びの関係にある。もし両者を分ける線を引くとすれば、その線は当然縦に引かれるはずである。

ところが下田答弁などの論理は、この垂直の線をこっそり九〇度回転させ、下に個別的自衛権、上に集団的自衛権がくる水平の線になるように動かしてしまった。二種類の自衛権の関係を、横並びではなく、上下の関係に組み換えたわけである。そして元のところから九〇度回転させた横線を、自衛のための必要最小限か否かを示す基準にしてみせたのだった（図2-1）。これが手品の第一の種である。

何をもって自衛のための必要最小限か否かを判断するのか。それは行使する自衛権の種類が、個別的自衛権か集団的自衛権かによってである。個別的自衛権の行使は必要最小限の範囲にとどまるが、集団的自衛権の行使はそれを超える。この説明だと、何が必要最小限の判断基準であるのかが一目瞭然である。自衛隊の合憲性の根拠を必要最小限論に置くうえで、集団的自衛権行使違憲論はきわめて便利な説明であった。

「にもかかわらず」のしかけ

たしかに、集団的自衛権の行使が必要最小限の範囲を超えるということでの説明は、なんとなく説得力があるもののように感じられる。しかし、それは錯覚である。ここにはもう一つの手品の種がしかけられていることを見抜かなければならない。

NATOの集団的自衛権発動について規定した北大西洋条約第五条は、「一又は二以上の締約国に対する武力攻撃を全締約国に対する攻撃とみなす」としている。これが国際標準での集団的自衛権の意味である。

北大西洋条約第五条を踏まえて、下田答弁や一九八一年見解をもう一度読み返すと、日本における集団的自衛権の定義そのものがかなり独特のものであることに気づかされる。それは集団的自衛権の定義そのもののなかに、自国が攻撃さ「れもしないのに」、あるいは自国が直接攻撃されていない「にもかかわらず」、実力をもって阻止する権利であるという、「否定」のニュアンスがはじめから組み込まれていることである。

「あなたは明日仕事がある」「あなたは今この本を読んでいる」という二つの事実を、「あなたは明日仕事があるにもかかわらず、あなたは今この本を読んでいる」と言い換えると、まったく印象が異なるだろう。「あなたは集団的自衛権の行使に賛成ですか反対ですか？」と聞いてみる。聞かれた人は「集団的自衛権って何ですか？」と聞き返す。その時、集団的自衛権とは「自国と密接な関係にある他国への攻撃に対する自衛権です」と伝えるのと、「自国への攻撃がなされていないにもかかわらず、自国と密接な関係にある他国への攻撃に対し行使する自衛権です」と伝えるのとでは、それに続く答えはかなりちがってくるのではないだろうか。集団的自衛権の定義自体のなかに、「れもしないのに」や「にもかかわらず」という否定のニュアンスの表現がさりげなくひそんでいるのは、はじめから集団的自衛権の行使に反対してもらうためなのだ。

ではなぜそれほどまでして、集団的自衛権行使を違憲とする必要があるのか。実は集団的自衛権行使を違憲とすること自体が、ここでの目的だったのではない。政府側は憲法施行から八年目にして、憲法第九条の条文を純粋な気持ちでもう一度読み返してみたところ、集団的自衛権行使は違憲であることに気づき、このように手の込んだことをしてまで国民に分からせようとしたのではない。では何がしたかったのか。
新しくできる自衛隊の合憲性を守る、ということにほかならない。

「手品」

自衛隊創設には野党や世論から厳しい目が向けられており、実際に下田答弁のまさに前日にあたる一九五四年六月二日に、参議院はあらかじめ自衛隊の海外出動禁止を決議している。新しくできる自衛隊の合憲性を守るためには、憲法解釈として近代戦遂行能力説に代わる必要最小限論をとる必要がある。そして必要最小限論をとるためには、必要最小限の判断基準が必要である。当時の政府側は、近代戦遂行能力説から必要最小限論への解釈変更をおそらく見越して、集団的自衛権を「捨て石」とすることで、自衛のための必要最小限という概念の判断基準を明確化し、それによって、個別的自衛権のみを行使する自衛隊は自衛のための必要最小限の実力組織だから合憲だ、と言いたかったのだ。

このように集団的自衛権行使違憲論とは、一種の手品であり、それが演じられた目的とは、当時は風前の灯火《ともしび》であった自衛隊の合憲性を守ることにあった。本来横並びであるはずの二種類の自衛権の関係を上下の関係に組み換えたことと、集団的自衛権の定義自体のなかに否定のニュアンスの表現をもぐり込ませたことが、この手品の種である。

集団的自衛権行使違憲論という手品の見事なところは、このような憲法解釈をとったところで、一九五四年の時点では政策上の実害がほとんどなかった、という点にある。日本が戦後初めて長期防衛力整備計画（「第一次防衛力整備計画」あるいは「一次防」）を策定するのは、一九五七年（六月一四日）になってからである。集団的自衛権が憲法上行使できるかどうか以前に、この当時の日本には自衛権を行使する能力そのものがあるのかどうかすら不確かであった。そもそもこの直前まで、日本の実力組織には近代戦遂行能力がない、と公言していたのである。

もっとも、このあとの一九六〇年安保改定時に問題になるのだが、結局日本による在日米軍防衛も個別的自衛権の行使ということで説明がついた。いずれにせよ一九五四年の時点では、集団的自衛権が行使できるかどうかといった憲法解釈上の神学論争など、安全保障政策の実態面ではあまり意味をなさなかった。

それどころか、自衛権という言葉の使われ方自体、当時と今日とでは大きく異なる。一九五一年一〇月一六日、サンフランシスコ講和会議から戻ったばかりの吉田総理は国会で、『国が独立した以上は自衛権は欠くべからざるものであり、当然の権利であります」と答弁した。そして続けてこうも言った。「この自衛権発動の結果として安全保障条約を結ぶということは当然のことであります」。すなわち、吉田がここで述べた自衛権とは、講和後の日本がアメリカに守ってもらう権利としての自衛権という意味であり、日本自身の防衛力で自衛権を有効に行使することなど、まだ思いも及ばないことであった。集団的自衛権行使に関する下田答弁は、この吉田答弁がなされてから三年も経っていなかったころのことである。

もっとも、やがて日本の防衛力再建やアメリカとの防衛協力が進み、また日本を取り巻く安全保障環境が変化すれば、集団的自衛権は行使できないとしたその場しのぎの憲法解釈はいつかは破綻するだろう。しかし当時としては、とにかく今、目の前にある自衛隊の合憲性をなんとかして守らなければならないのだ。将来のことまで考えている余裕がどこにあろうか。

こうした歴史に目を向ければ、集団的自衛権の行使が立憲主義に反するかどうかといった議論が、ピント外れであることが理解できるであろう。むしろ国際政治学者の篠田《しのだ》英朗《ひであき》が指摘するように、集団的自衛権は「政策実施のための合法性チェックの試金石《しきんせき》」として使われたというのが実態であった。

また、できたばかりの自衛隊の合憲性を守るための手品というのでない限り、集団的自衛権行使違憲論自体に合理性があるとは考えにくい。

第一に、集団的自衛権の行使が自衛のための必要最小限の範囲を超えると証明するものは何もない。本来「自国への攻撃」と「自国と密接な関係にある他国への攻撃」を峻別できるとは限らないし、実は峻別すべき必然性もない。逆にいうと、個別的自衛権だけで日本の安全が確実に守られるという証拠も、よく考えればどこにもないのである。ただ日本独自の集団的自衛権の定義のなかで、「れもしないのに」や「にもかかわらず」といった表現を用いることで、そのように人びとに印象づけているにすぎない。

第二に、日本政府ははじめから集団的自衛権行使が違憲だと考えていたわけではなかったという歴史的事実がある。日本政府は、一九五一年の旧日米安保条約締結交渉で、日本が集団的自衛権を行使できるとの前提に立っていた。そのうえで、安保条約において日米間で主権国家同士の対等性を確保するために、「集団自衛の関係」を設定することをアメリカ側に求めていた（結果は前章で見た通りである）。

結局、日本は集団的自衛権がアメリカとの対等性確保に使えるのであれば行使できると言い、逆に行使できないとした方が好都合となるのなら、違憲だと言ってきたわけである。集団的自衛権という国際法上の概念およびこれと憲法との関係について、定見があったように思われない。

3　平和安全法制へ――必要最小限論か、芦田修正論か

自衛権発動の新三要件

「基盤的防衛力構想」の下での日本の防衛力整備の進展（本書第3章参照）と日米防衛協力の深化（第4章参照）、そして中国の台頭や北朝鮮による軍事的挑発の活発化など日本を取り巻く安全保障環境の変化は、集団的自衛権行使違憲論をとることに実害がない、という状況を過去のものとした。たとえば、日本防衛のために日本周辺で活動中のアメリカ軍が第三国から攻撃されても、自衛隊は自らが攻撃されない限り反撃できないとか、第三国がアメリカに対して発射した弾道ミサイルを、日本は能力があるにもかかわらず迎撃できないといった問題などが生じてきた。

こうした変化を踏まえ、下田答弁から数えると六〇年の歳月を経て、二〇一四年七月一日に第二次安倍晋三政権の下で自衛権発動の「新三要件」が閣議決定された。

新三要件の第一は、日本に対する武力攻撃が発生した場合（武力攻撃事態）のみならず、「我が国と密接な関係にある他国への武力攻撃が発生し、これにより我が国の存立が脅かされ、国民の生命、自由及び幸福追求の権利が根底から覆《くつがえ》される明白な危険がある」こと

た（「存立危機事態」）である。第二に、「これを排除し、我が国の存立を全うし、国民を守るために他に適当な手段がない」ことである。第三に、「必要最小限度の実力を行使する」ことである。このうちの第一の要件が、集団的自衛権行使の限定容認にあたる。

ここで集団的自衛権行使が容認されるのは、日本と密接な関係にある他国への攻撃が発生したというだけでは足りず、それにより「我が国の存立が脅かされ、国民の生命、自由及び幸福追求の権利が根底から覆される明白な危険」がある場合に限られる。つまりここで行使が容認されている集団的自衛権は、フルスペック（すべてを満たした状態）の集団的自衛権ではない。逆にいうと、これまで日本政府が行使できないとしてきたのは、フルスペックの集団的自衛権であったということになる。

集団的自衛権行使についての国際標準の要件は、①被侵害国が宣言すること、②被侵害国が要請すること、③必要性・均衡性をとること、である（一九八六年六月二七日の国際司法裁判所によるニカラグア事件判決）。国際標準の考え方と比べると、日本が定める要件はかなり厳格であることが分かる。

新三要件の素地となっているのは、自衛権発動に関する一九七二年見解で示されていた、「外国の武力攻撃によって国民の生命、自由及び幸福追求の権利が根底からくつがえされるという急迫、不正の事態」という概念である。それ以前の一九五九年一二月一六日の砂川事件最高裁判決では、「わが国が、自国の平和と安全を維持しその存立を全うするために必要な自衛のための措置をとりうることは、国家固有の権能の行使として当然のことといわなければならない」とされ、自衛権発動に関してゆるやかな解釈が示されていた。他方で、一九八一年見解では、集団的自衛権行使違憲論が明確に打ち出された。

新三要件は、自衛権解釈についてゆるやかな砂川判決と、厳しすぎる一九八一年見解のいわば中間に位置する一九七二年見解の考え方に、「新は旧を破る」という常識に照らすとやや異例ながら、依拠するものになった。

平和安全法制の成立

こうして導き出された新三要件にもとづいて、二〇一五年に平和安全法制が成立した。同法制制定により(あるいはこれにともなって)、集団的自衛権行使の限定容認も含め、政策選択の幅が次のように広がった。

第一に、平時からの対応として、邦人保護や、アメリカ軍への物品役務の提供やアセット(装備品)防護といった協力が可能となった。

第二に、「重要影響事態対処」である。重要影響事態とは、「そのまま放置すれば我が国に対する直接の武力攻撃に至るおそれのある事態等我が国の平和及び安全に重要な影響を与える事態」を指す。同事態対処とは、すなわち従来の周辺事態対処の実効化にほかならない。具体的には、自衛隊によるアメリカ軍以外の軍隊への支援、日本国外での活動（以上は二〇〇一年一〇月二九日制定の対テロ特措法で既に可能であった）、弾薬の提供（ただし武器の提供は不可）、戦闘作戦行動のために発進準備中である他国軍の航空機に対する給油・整備などが新たに可能になった。ただし、「他国が現に戦闘行為を行っている現場」での活動は認められていない。

第三に、有事と平時の中間としての「グレーゾーン」の事態への対応の強化、すなわち尖閣諸島に漁民を装った武装集団が上陸するケースなどを念頭に置いた、自衛隊による治安維持活動である治安出動や海上警備行動の発令手続きの迅速化である。これについては法的な手当てではなく、事前の閣議決定による総理への一任、電話による閣議決定といった、運用面での改善がなされた。

第四に、新三要件によって可能となった、限定的な集団的自衛権行使をともなう存立危機事態対処である。存立危機事態において武力行使が可能になったことにより、たとえば日本に対する武力攻撃以前に、自衛隊が、アメリカ軍の艦船・航空機の護衛、敷設機雷の除去、不審船舶への強制立ち入りなどをおこなうことが可能となった。逆にいえば、集団的自衛権が行使できないと自衛隊にはこうした活動に従事することすら許されない。

第五に、国連PKO（平和維持活動）参加の拡充などである。まずPKOでの自衛隊の活動可能な地域について、それまでの「非戦闘地域」（後述）といった地理的制約が廃止され、代わって重要影響事態対処の場合と同様、「他国が現に戦闘行為を行っている現場ではない場所」とされた。また山賊・海賊のたぐいは別として、「国または国に準ずる組織」に対する武器使用について、従来は「自己保存型」のもの（いわゆる「Aタイプ」）しか認められていなかったのが、他国の軍隊などへの「駆け付け警護」のような「任務遂行型」の武器使用（「Bタイプ」）が可能となった。これまで自衛隊が参加したPKOでも、結局「国または国に準ずる組織」が敵対するものとして登場することはなかった。さらに、非国連統括型の「国際連携平和安全活動」への参加も可能になった。

第六に、「国際平和共同対処事態」への寄与である。国際平和共同対処事態とは、「国際社会の平和及び安全を脅かす事態」であって、「その脅威を除去するために国際社会が国際連合憲章の目的に従い共同して対処する活動を行い、かつ、我が国が国際社会の一員としてこれに主体的かつ積極的に寄与する必要があるもの」を指す。日本は二〇〇一年一〇月七日からのアフガニスタン戦争や二〇〇三年三月二〇日からのイラク戦争の際、対テロ特措法やイラク特措法（二〇〇三年七月二六日制定）のような時限立法による協力支援をおこなった。国際平和共同対処事態への寄与とは、こうした国際平和支援の恒常化にほかならない。なお、同事態への寄与において自衛隊が活動可能な地域は、重要影響事態対処やPKOなどへの参加の場合と同様である。

国際平和協力は、実績があったがゆえに課題も山積しており、平和安全法制制定はこれらを一定程度解消する機会となった。

幻の芦田修正論

ただ、こうした変化があるとはいえ、集団的自衛権行使違憲論の根っこにあった、必要最小限論という憲法解釈自体が変わったわけではない。平和安全法制は依然として、必要最小限論にもとづいている。

一方、自衛隊の合憲性の説明としては、必要最小限論以外に、採用されなかった幻の代替案が存在していた。本章冒頭でも触れた、芦田修正論である。

集団的自衛権行使違憲論を含む憲法と安全保障の関係についての論争は、一般に「護憲か、改憲か」をめぐるものととらえられがちである。しかし、実際の政策の場や安全保障の専門家のあいだで議論されていたのは、むしろ「必要最小限論か、芦田修正論か」をめぐってのものである。そして平和安全法制にいたるまで、結果として芦田修正論は一貫してしりぞけられてきた。

芦田均（写真：共同通信社）

「芦田修正」とは、新憲法制定時に、衆議院憲法改正小委員長の芦田均《ひとし》（のちの総理）が、もともとの憲法草案第九条第二項の冒頭に、新たに「前項の目的を達するため」という文言を挿入した修正を指す。

日本は、何の留保もなしに戦力を保持しないのではなく、芦田が挿入した文言にあるように、「憲法第九条第一項の目的を達するために」戦力を保持しない。そして第一項は、侵略戦争の放棄を規定したものであって、自衛戦争を放棄していない。つまり第二項が保持を禁ずる「戦力」とは、侵略戦争のための戦力のことであって、自衛戦争のための戦力を指すのではない。したがって、自衛戦争のための戦力を保持することは違憲ではない。このような解釈をとるのが芦田修正論である。

これはこれで、理屈の通った考え方ではある（屁理屈《へりくつ》といわれればまったく否定はできないが）。むしろ、基準があいまいな、だからこそ自衛権の種類のちがいを基準の問題にすり替えざるをえなかった必要最小限論よりも分かりやすい。

ただ、憲法第九条の解釈として必要最小限論をとるか芦田修正論をとるかによって、それぞれがもたらす結果は大きく異なる。平たくいうと、必要最小限論は自衛のための必要最小限という制約を課すのに対し、芦田修正論は、「自衛のためなら何でもできる」という解釈である。つまり「戦力」の解釈をめぐって、芦田修正論の方が必要最小限論よりゆるやかであり、政策選択の範囲は後者よりも広がる。もし一九五四年の政府統一見解で必要最小限論ではなく芦田修正論がとられていたならば、自衛のための必要最小限の基準を設ける必要はないので、集団的自衛権行使違憲論をとらなければならない理由はなかったことになる。

だが、改進党の重光などの主張にもかかわらず、結果的に芦田修正論は政府解釈としては採用されなかった。自衛隊の合憲性の根拠は芦田修正論にあるとする解説が時折見受けられるが、それは誤解である。

鳩山一郎政権が政府見解として芦田修正論を採用しなかった理由は明確ではない。ただ、おそらく以下のような理由から、芦田修正論をとることが躊躇《ちゅうちょ》されたのであろう。

第一に、芦田修正論はそれ以前の政府解釈とかなりの距離があった。実は新憲法制定をめぐる一九四六年六月二八日の国会論戦のなかで、吉田総理は自衛戦争さえ否定していた。この場で共産党の野坂参三《のさかさんぞう》議員が、自衛戦争は放棄すべきではないと主張したのに対し、吉田は、近年の戦争の多くは自衛の名の下におこなわれているから、「正当防衛権を認むることが偶々《たまたま》戦争を誘発する所以《ゆえん》」であるとし、野坂の意見を「有害無益」とまで断じた。

今日から見れば奇異に映る論戦だが、おそらく当時の吉田にとっては、天皇制存続こそが最重要課題であり、憲法第九条はそのためのバーターなのだから、ここで不用意に自衛戦争は可能だなどと口にして連合国側の警戒心を呼び覚ましてしまえば元も子もないという思いだったのであろう。ただ政府としては、自衛戦争すら不可能という吉田の答弁から、自衛戦争は可能だがそれには制約がある、というところに持っていくまでが精一杯であった。「自衛のためなら何でもできる」芦田修正論にまで飛躍するのは、田中明彦が指摘しているように無理があった。

第二に、新憲法制定時の最高権力であったGHQに当時日本政府から、芦田修正論によって自衛戦争のための戦力保持が可能であるとの認識が示された形跡がない点である。

この点についてのGHQ側の認識を確認しておくと、もともとGHQが新憲法草案を起草するにあたり、一九四六年二月三日にマッカーサーは、「自己の安全を保持するための手段としての戦争をも、放棄する」との文言を盛り込むよう指示していた。これに対しチャールズ・ケーディスGHQ民政局次長は、自衛戦争を放棄させることはできないとして、この文言を憲法草案に盛り込むことをしなかった。つまりGHQは、必ずしも自衛戦争を否定したわけではなかった。ただそれでも、憲法学者の大石眞《おおいしまこと》によれば、GHQが承認していない芦田修正論によって戦力保持が可能になったと考えるのは妥当ではないとされる。

また、憲法第九条はその成り立ちから、連合国との約束という国際的な性格を持つものである。それにもかかわらず、独立からわずか二年で、芦田修正という、ＧＨＱに説明しなかった論理で戦力が保持できるとすることは、結果的にややトリッキーな印象を残すきらいがあっただろう。

第三に、憲法第九条第一項の日本語理解の問題がある。芦田修正論は、第二項が達するべき第一項の目的が、「国権の発動たる戦争と、武力による威嚇《いかく》又は武力の行使は、国際紛争を解決する手段としては、永久にこれを放棄する」（つまり、侵略戦争は放棄するが自衛戦争は放棄しない）ということを指すとの前提に立っている。しかし憲法学者の阪本昌成《さかもとまさなり》が指摘するように、第一項の目的とは「正義と秩序を基調とする国際平和を誠実に希求」することとも読め、むしろその方が日本語理解として自然であるともいえる。

仮にそうだとすれば、「正義と秩序を基調とする国際平和を誠実に希求するという目的を達するために戦力を保持しない」という日本語から、「自衛のためなら何でもできる」という解釈を導き出すのは難しい。つまり、芦田修正論を採用したとしても、今度は「第一項の目的とは何を指すのか」をめぐって論争が続くことになるのが予想されるのである。

こうしてみると、今さら芦田修正論などカビくさく感じられるかもしれない。しかし、そうとはいえない。

PKO参加をめぐって

憲法第九条をめぐる一九五四年の政府統一見解では、芦田修正論ではなく、必要最小限論が採用された。ところが九〇年代に入り、両者それぞれの考え方にもとづく新たな論争が展開される。それは、自衛隊の国際平和協力という文脈における、必要最小限論やそれにもとづくいわゆる「武力行使との一体化」論と、芦田修正論的ないわゆる「小沢《おざわ》理論」とのあいだの論争であった。

一九九二年六月一九日、自衛隊がPKOに参加することを可能とするPKO法（国際平和協力法）が制定され、実際に同年九月一七日から自衛隊がカンボジアPKOに派遣された。これに先立つ一九九〇年から一九九一年にかけての湾岸危機・湾岸戦争において、中東クウェートに侵攻したイラク軍を撃退するための国連決議にもとづく多国籍軍の活動に対し、日本の貢献が主に財政支援にとどまったことについて、国際社会から厳しいまなざしを向けられたことが背景であった。

PKOは、国連憲章が本来想定していた集団安全保障が機能不全に陥ったためおこなわれるようになった活動である。ヤルタ体制の下で国連と憲法第九条が生まれ、同体制の瓦解が、PKOと自衛隊を生んだといえるだろう。

自衛隊のPKO参加が憲法上認められることについては、一九九二年四月二八日の工藤敦《くどうあつ》夫《お》内閣法制局長官の国会答弁で説明されている。このなかで工藤は、自衛隊のPKO参加によって「我が国が武力行使をするとの評価を受けることはございません」と述べ、したがって「憲法の禁ずる海外派兵に当たるものではない」と答弁した。

自衛隊が「戦力」でないのは、自衛のための必要最小限の武力行使しかしないからである。それゆえ自衛隊を、自衛のためでもないのに武力行使を目的として海外に派兵することは、自衛のための必要最小限の範囲を超えるので違憲となる。これに対し日本が参加するPKOは、「PKO参加五原則」（停戦合意の成立、日本の参加への当事者の同意、中立の維持、これらが満たされない場合の撤収、必要最小限の武器使用）にもとづいており、そもそも武力行使を目的とした活動ではない。したがってPKOのために自衛隊を海外に派遣しても違憲にはならない。

なお、前述した一九五四年の参議院による自衛隊の海外出動禁止決議は、自衛隊を「武力行使」を目的に海外派兵することを禁止したものであるから、PKOとは直接関係がない。

こうした国際平和協力への参加は、一国平和主義を脱しようとする努力の表れと見ることもできる。ただ、ここには「武力行使との一体化」論の制約があることに留意する必要がある。

「武力行使との一体化」論についての政府統一見解は、湾岸危機への対応をめぐって国論が二分された一九九〇年秋に国会で示された(一〇月二六日、中山《なかやま》太郎外相答弁)。すなわち、次のような考え方である。

自衛隊がPKO参加などを通じて海外で活動する場合、自衛隊と同じ活動に従事している他国の軍隊に補給や輸送といった支援をおこなう場合があるだろう。そうした活動自体は武力行使ではない。しかし、「他の者の行う武力の行使への関与の密接性等から、我が国も武力の行使をしたとの法的評価を受ける場合があり得る」。その場合、つまり他国の軍隊が武力を行使しており、自衛隊の活動が当該軍隊への密接な関与を通じてその軍隊の武力行使と事実上「一体化」する場合には、そのような活動をおこなうことは「憲法第九条により許されない」。これが「武力行使との一体化」論である。

その後二〇〇一年九月一一日に発生したアメリカ同時多発テロ事件(九・一一事件)を受けた「テロとの戦い」の文脈で、自衛隊はインド洋やイラクに派遣された。そこで自衛隊が従事したのは、有志連合軍への補給支援やイラクでの人道復興支援・安全確保支援といった、武力行使以外の活動である。そしてここでは自衛隊自身が武力を行使しないことに加え、自衛隊が活動できる範囲自体が、「非戦闘地域」に限定された。自衛隊が活動するのは武力行使がおこなわれる「戦闘地域」とは一線を画した「非戦闘地域」なのだから、そこでの活動は他国軍の武力行使とは「一体化」しない、といえる必要があったからである。現実世界の自衛隊の派遣先に「非戦闘地域」といえるような場所があるかどうかではなく、憲法上、「非戦闘地域」が存在してくれないと困るのだ。

「一体化」論は、平和安全法制制定後も依然として維持されている。たとえば前述の通り、重要影響事態対処やＰＫＯなどへの参加、国際平和共同対処事態への寄与において、自衛隊の活動可能な地域は、武力行使との一体化を避けるため「他国が現に戦闘行為を行っている現場ではない場所」に限定される。

小沢理論

一方、必要最小限論や「武力行使との一体化」論の考え方と対置されるのが、小沢理論である。

小沢理論とは、一九九二年二月二〇日に小沢一郎元自民党幹事長をヘッドとする自民党「国際社会における日本の役割に関する特別調査会」（小沢調査会）が、自衛隊の国際平和協力に関して発表した答申のなかで示した考え方である。

この答申は、次のように主張している。「国連軍」の活動は、「国際的な合意に基づき、国際的に協調して行われる国際平和の維持・回復のための実力行使」であって、憲法第九条が禁止している侵略戦争には該当せず、ここに自衛隊が参加して実力を行使することは「憲法

第九条には抵触しない」。

小沢理論は、必要最小限論や「一体化」論とは異質の考え方である。後者は、自衛隊が武力を行使できる局面を自衛のための必要最小限の範囲内とし、たとえ国連の活動といえども、武力行使はおろか、他国軍による武力行使と一体化することさえも許されないとする。これに対し小沢理論は、憲法第九条第一項は侵略戦争の放棄を規定したものであって、「国連の枠組みでの武力行使」を放棄していないので、自衛隊が国際平和協力において武力を行使しても第二項の戦力不保持規定に反しないと解釈する。

つまり、「国際平和協力のためならなんでもできる」という立論である。これはまさに、芦田修正論の論理の国際平和協力版にほかならない。五〇年代にいったん葬られたかに見えた芦田修正論が、九〇年代に自衛隊の国際平和協力への参加という文脈で、論争の舞台によみがえってきたわけである。

しかし、ここでも政府解釈として採用されたのは、必要最小限論とそれにもとづく「一体化」論の方であり、芦田修正論的な小沢理論はしりぞけられた。

憲法解釈の連続性

そして、平和安全法制成立過程でも同様の論争が繰り返された。

第一次安倍政権期の二〇〇七年四月一七日に総理の私的諮問《しもん》機関として第一次「安全保障の法的基盤の再構築に関する懇談会」（安保法制懇）が設置されていた。安保法制懇は二〇〇七年九月二六日の安倍の体調不良による突然の退陣によりいったん中断したのち、第二次安倍政権の発足にともない二〇一三年二月七日から再開される。

第二次安保法制懇が二〇一四年五月一五日に提出した報告書は次のように述べている。憲法第九条第二項は、第一項が侵略戦争を放棄していることを受け、「前項の目的を達するため」に、「戦力」を保持しないと定めたものである。したがって、「個別的又は集団的を問わず自衛のための実力の保持やいわゆる国際貢献のための実力の保持は禁止されていない」と解釈するべきである。さらに同報告書はこのような立場をとることについて、「憲法第九条の起草過程において、第二項冒頭に『前項の目的を達するため』という文言が後から挿入された（いわゆる「芦田修正」）との経緯に着目した解釈」であると宣明した。

一方政府は、この種の報告書への対応としてはやや異例なことに、はっきりと芦田修正論に立つ第二次安保法制懇の見解を採用しなかった。同懇談会の報告書提出直後、同日中に開かれた記者会見で安倍総理は、「しかし、これ〔第二次安保法制懇報告書の考え〕はこれまでの政府の憲法解釈とは論理的に整合しない」としたうえで、「したがって、この考え方、いわゆる芦田修正論は政府として採用できません」と明言した。

芦田修正論の吉田答弁との距離やGHQとの関係はもはや過去のものだが、今日ではむしろ長年の政府解釈との齟齬が問題とされている。

こうして芦田修正論は、再び論争の舞台から立ち去っていった。平和安全法制成立による日本の安全保障政策の変化を強調する見方もあるが、ここから浮かび上がるのは同法制と過去の憲法解釈との断絶より、むしろ必要最小限論を通じた両者の連続性である。

＊

集団的自衛権行使違憲論は、純粋な憲法論にもとづいたものでもなければ、時代を超えた普遍的な合理性にのっとったものでもなかった。必要最小限論という憲法解釈理論の説得力を担保し、当初その根拠がきわめて脆弱《ぜいじゃく》と見られた自衛隊の合憲性をまずは守るための手品であった。この便利な説明により、自衛隊の合憲性はなんとか守られた。そしてその便利さの代償として、最初から次世代への宿題を内包したままであった。

それにもかかわらず、この解釈は一九五四年の下田答弁から二〇一五年の平和安全法制制定まで、実に六〇年以上にわたって維持・強化されることになった。本書がいう、内部でのしばりの問題である。そして特にここでは、集団的自衛権行使違憲論がとられることになった本来の理由が忘れられ、「集団的自衛権行使は自衛のための必要最小限の範囲を超える」という大義名分自体に命が宿ることになったといえる。

平和安全法制は、これまで先送りしてきた宿題に取り組んだもの、という評価になる。それでも今日なお、フルスペックの集団的自衛権行使は許されていない。集団的自衛権行使の限定容認は、これまで「日本への攻撃かどうか」の地点で引いていた「必要最小限」の基準となる線を、「日本と密接な関係にある他国への攻撃によって、日本の存立が脅かされ、国民の生命、自由および幸福追求の権利が根底から覆される明白な危険があるかどうか」という地点まで押し出したにすぎない。言い換えると、「線を引く」こと自体は何も変わっていないのだ。そして「真の憲法論争」において必要最小限論の相手方であった芦田修正論は、一貫してしりぞけられてきた。

集団的自衛権行使違憲論は、本書の分類では内部でのしばりの問題にあたるが、「自国への攻撃」と「自国と密接な関係にある他国への攻撃」のあいだに一線を画すという点で、一国平和主義に大変なじむものである（「武力行使との一体化」論についても当てはまる）。ある憲法学者は、集団的自衛権のことを「他衛権」だと断じて、その行使を容認することを批判する。これは集団的自衛権の行使が「憲法」違反かどうかをめぐる議論という以前に、主権国家には集団的自衛権が自衛権として認められるという「国際法」に対する批判である。つまり憲法論争以前に、一国平和主義が前提になってしまっている。

集団的自衛権行使違憲論という、自衛隊の合憲性を守るための手品は、このように外部との線引きの問題とも結びつき、長きにわたり呪縛として作用してきたといえよう。

本章では、集団的自衛権行使違憲論を中心に論じた。ただ憲法第九条をめぐっては、究極的には、まず「天皇制存続のための戦力不保持」という選択があり、そこから「自衛隊が戦力でないと言わんがための必要最小限論」が生まれ、さらに「必要最小限論を守るための集団的自衛権行使違憲論」に続くという、ある意味で「自転車操業」的な構図が見える。二一世紀に入ってなお、このような自転車操業を続けることが、「立憲主義を守る」ことと果たして同義だっただろうか。

第3章　防衛大綱──基盤的防衛力構想という「意図せざる合意」

1　防衛力の在り方

憲法第九条の下での実力の姿

前章で見たように、日本は憲法第九条の下で「自衛のための必要最小限の実力」が保持できるとされている。そしてその具体的な姿を定めるのが、閣議決定文書である防衛大綱（「防衛計画の大綱」）である。

自衛隊が、どのくらいの人員から成る陸上、海上、航空の部隊を持ち、どのような装備（戦車、護衛艦、戦闘機など）をそろえるのかは、この防衛大綱が決めている。ただほかの政策分野と同じく、防衛予算も無尽蔵ではないから、防衛力がどのような事態に、どの程度まで対処できればよいとするのか、そしてどの部隊、どの装備を優先的に育成・調達するのかを決めなければならない。そのような防衛力の在り方をめぐる基本的な指針を示すのが、防衛構想である。防衛大綱は、防衛構想と、防衛構想にもとづく部隊編成・装備調達の達成目標の具体的な数量を示した「別表」から構成される。

実は戦後日本における防衛力の在り方は、はじめから「防衛大綱」という形式において示されていたわけではなかった。防衛大綱の登場は七〇年代以降のことであり、それ以前は基本的には「〇次防」と俗称される五か年防衛力整備計画（「第〇次防衛力整備計画」）が、やはり閣議決定により策定されていた。五か年防衛力整備計画時代の防衛構想は、「脅威対抗論」に立ついわゆる「所要防衛力構想」と呼ばれるものであった。

ターニングポイントとなったのは一九七六年で、防衛構想は所要防衛力構想から「基盤的防衛力構想」に転換した。基盤的防衛力構想とは、脅威を念頭に置かない「脱脅威論」にもとづく考え方であり、抑制的な防衛構想だといわれることが多い。この時、五か年計画方式が廃止されて、大綱方式がとられることになった。防衛大綱がそれまでの五か年防衛力整備計画とちがうのは、計画期間や所要経費の定めがない点である。

大綱方式は今日まで維持されつつ、防衛構想は二〇〇〇年代以降さらに「多機能弾力的防衛力」「動的防衛力」「統合機動防衛力」「多次元統合防衛力」へと進化した。多機能弾力的防衛力以降の防衛構想は、すべてそのアップグレード版であり、基本的な考え方は後述の通り同じであるといえる。

基盤的防衛力構想の持続

このような防衛構想の変遷のなかでとりわけ目を引くのが、戦後七〇年代以降近年まで実に三〇年以上のあいだの期間を占めた、基盤的防衛力構想の持続についてである。

六〇年代末から七〇年代にかけて、冷戦時代であるにもかかわらず、アメリカとソ連は緊張緩和（デタント）期を迎える。初の防衛大綱である「一九七六年大綱」で導入された基盤的防衛力構想は、デタントという国際環境を前提としていた。ただ防衛構想というものは、本来時代とともに変わっていくはずである。

ところが同構想は、デタントが終焉《しゅうえん》したのちの七〇年代末から八〇年代のアメリカとソ連のあいだの緊張の高まりを指す「新冷戦」を通じて維持されたばかりか、冷戦終結後も生きのびる。最終的に基盤的防衛力構想が撤廃されるのは、なんと一九七六年大綱から数えて四番目の防衛大綱である「二〇一〇年大綱」策定まで待たなければならなかった。

なぜデタント期に生み出された基盤的防衛力構想が、その後も国際環境の変動のなかで三〇年以上にわたって持続したのか。基盤的防衛力構想のもととなった脱脅威論は、先々までも見通した強靱《きょうじん》な防衛理論だったということなのか。

従来の考え方では、「防衛政策に関する国民のコンセンサスづくり」のため、まず脱脅威論たる基盤的防衛力構想を導入するという目的が先にあったということになっている。そして同構想の導入により、所要防衛力構想時代のように脅威に対抗した防衛力整備の目標への過程を示す必要がなくなったことなどから、大綱方式が採用されることになり、その結果五か年計画は廃止された、とみなされてきた。だが、実はそうではない。むしろ話は逆なのである。

七〇年代半ばに防衛当局は、それまでの五か年計画方式を廃止する必要性に迫られていた。そこで、計画期間や所要経費を明示しない「超長期」計画を新たにつくろうとした。それが防衛大綱であり、その策定を正当化するために、脱脅威論たる基盤的防衛力構想が使われることになった。つまり、目的は「五か年計画を止める」ということであって、防衛大綱と基盤的防衛力構想はその「エクスキューズ」であったと考えられるのである。

このことが、基盤的防衛力構想の持続と関係している。実はこの時、基盤的防衛力構想をめぐって解釈の不一致が生じていた。というのも、脱脅威論という考え方があまりに新規的であったので、防衛庁・自衛隊内でもこのような考え方をとることへの反発が根強く、それゆえ基盤的防衛力構想は「脅威対抗論としても説明できる」との解釈が同時に存在しえたからである。こうした経緯から、同構想をめぐる解釈は多岐にわたり、防衛力の在り方をめぐる様々な立場が「基盤的防衛力構想」の多義的解釈のなかに包摂《ほうせつ》されるようになる。そして結果的に、「意図せざる合意」として持続することになったのである。本書の視角に照らせば、ここに見出せるのは、内部でのしばりの問題である。

基盤的防衛力構想自体は、前述の通り二〇一〇年に撤廃された。本章で扱うのは、前章で取り上げたテーマと同じく、既に一定程度解決された問題ということになる。とはいえ、集団的自衛権行使違憲論の形成・持続とそこからの脱却のプロセスと同様、基盤的防衛力構想の歴史から学べるものも少なくない。また本章の分析から、現在も続く大綱方式も、絶対に変えることのできないルールというわけではないことが分かるだろう。

なお、本章での叙述は防衛庁（省）内の政策過程に分け入ることになるので、同庁の組織について若干説明しておきたい。防衛庁には、「内局」と「幕僚監部」が置かれている。前者は、防衛局（防衛政策局）など「背広組」（文官）から構成される組織である。後者は、「制服組」（自衛官）から構成される。そして長官（大臣）に対し、内局が政策的見地から、幕僚監部が軍事的見地から、それぞれ補佐する体制がとられている。

それでは、まずは防衛力の在り方についての基本をおさえ、次いで基盤的防衛力構想がなぜ生まれ、どのように持続していったのかを見ていこう。

五か年防衛力整備計画

五〇年代の憲法第九条解釈の形成と前後して、内外からの圧力で、日本再軍備は始動する。日本再軍備の過程でアメリカは、MSA（相互安全保障援助）と呼ばれる対日援助をおこなった。ただし日本がアメリカからMSAを受けるにあたっては、日本自身が再軍備のための自助努力をおこなうことが条件となっていた。また、長期防衛力整備計画の策定は、本書第2章で見た一九五三年九月の吉田＝重光会談での合意事項の一つでもあった。これらを背景に、岸信介政権期の一九五七年六月に「第一次防衛力整備計画」（「一次防」）が策定された。以後、五か年防衛力整備計画（一次防のみ三か年計画）は四次防まで計四回つくられてきた。

①「一次防」（一九五七年六月一四日策定、岸政権期）
②「二次防」（一九六一年七月一八日策定、池田《いけだ》勇人《はやと》政権期）
③「三次防」（一九六六年一一月二九日策定、佐藤栄作政権期）
④「四次防」（一九七二年二月八日策定、佐藤政権期）

これら四次防までの五か年防衛力整備計画は、脅威対抗論である所要防衛力構想にもとづくものであった。つまり、日本に対する脅威に応じてこちらの防衛力を決め、脅威の高まりに合わせて日本の防衛力も大きくしていくという、明治以来のやり方である。ここで対抗すべき脅威と考えられたのは、いうまでもなく冷戦下のソ連であった。

ところが七〇年代に入ると、国際的にも国内的にも、所要防衛力構想にもとづく従来のような五か年防衛力整備計画の策定が困難な情勢となり、四次防終了後の展望が描けなくなった。これが「ポスト四次防問題」である。

もともとポスト三次防の五か年計画で整備されようとしていたのは、実際に四次防で決められたものよりもずっと大きな防衛力であった。ところが、四次防の所要経費は原案から約六〇〇〇億円も減額されたうえ、海上自衛隊の艦艇四分の一以上などの整備が未達成のままで終了せざるをえなくなり、四次防は「死次防」（内局の防衛課先任部員として一九七六年大綱立案に深く関与した宝珠山昇《ほうしゅやまのぼる》）ともいわれる無残な結果に終わってしまった。

その背景にあったのは、第一に、デタントである。冷戦下の東西間の緊張は、ソ連によるキューバでの核ミサイル基地建設に対しアメリカが海上封鎖をおこなったキューバ危機（一九六二年一〇月）で核戦争寸前にまで達した。しかし、以後アメリカ・ソ連両国は同様の事態の発生の防止に共通の利益を見出した。そして一九六九年一一月一七日から第一次戦略兵器制限交渉（ＳＡＬＴ－Ｉ）が開始されるなど、軍備管理交渉が進む。また一九七二年二月、ニクソン大統領が訪中する。ベトナム戦争についても、一九七三年一月二七日にアメリカと北ベトナムなどのあいだでパリ協定が署名され、ベトナムのアメリカ軍は同年三月二九日までに撤退した。

一方、東側陣営で一枚岩と見られていたソ連と中国の関係は、六〇年代から対立に転じ、一九六九年三月に珍宝島《ちんぽう》／ダマンスキー島の領有権をめぐる軍事衝突に発展する。ソ中同盟は瓦解し、中国はソ連からの核攻撃を恐れるまでになる。

こうして日本に対する武力攻撃の可能性が以前より低下していると考えられたことで、これまで五か年防衛力整備計画策定のたびに予算を倍増させてきた所要防衛力構想の考え方をとり続けていくことに疑問が投げかけられるようになった。四次防の具体的な整備内容などを決定した一九七二年一〇月九日、田中角栄総理は防衛庁に、デタントを踏まえた「平和時の防衛力の限界」を示すように指示していた。

第二に、景気後退である。高度経済成長を前提としていた所要防衛力構想は、第一次石油危機（一九七三年一〇月六日の第四次中東戦争勃発にともなうアラブ諸国による原油価格の引き上げ）後のインフレ加速により、財政面で限界に直面した。

そして第三に、日本はいかなる防衛力を持つべきなのかについての理念が問われるようになったことである。戦後、防衛力をほぼゼロから再建しなければならなかった段階では、先々のことは脇に置いて、とにかく脅威に対抗して可能な限り防衛力整備に資源を投入していく、ということで説明がついた。ところが四次防までにある程度の防衛力ができあがってくると、「必要最小限」という観点からも「これ以上防衛力を大きくするのであれば何らかの歯止めが必要なのではないのか」とか、あるいは「脅威対抗といっても、ソ連の脅威に対抗できるほどの防衛力を整備することは最初から不可能なのではないか」といった疑問が噴き出してくるようになった。しかし従来の所要防衛力構想の考え方からだけでは、こうした疑問に答えることはできなかった。

その結果、四次防が頓挫しただけでなく、ポスト四次防の展望も描けなくなってしまっていた。

デタントと久保卓也の脱脅威論

ここで所要防衛力構想に代わる新たな防衛構想の導入を提唱したのが、異能の防衛官僚である久保卓也《くぼたくや》であった。

旧内務省（戦後は警察庁などに分割）出身の久保は、独創的な実務家で、たとえばスクランブル交差点や歩行者天国を全国的に実施しようとしたのは警察庁交通局長時代の久保であるともいわれている。また防衛事務次官退任後の国防会議事務局長時代の一九七八年には、今

久保卓也（写真：共同通信社）

日のＮＳＣ（国家安全保障会議）に通じるような「国家安全保障会議」創設構想を打ち出している（本書第5章参照）。

警察庁と防衛庁のあいだでポストを行き来していた久保は、一九七〇年一一月から防衛局長を務めていた。そして既に六〇年代初頭から自分で温めていた防衛構想についてのアイディアを、ポスト四次防問題のタイミングに合わせて論文にまとめ、防衛庁内に配布した。

それが一九七一年二月の「防衛力整備の考え方」と、一九七四年六月の「我が国の防衛構想と防衛力整備の考え方」、いわゆる「ＫＢ論文」である。「ＫＢ」は「久保」を意味する。

久保は一九七一年のＫＢ論文のなかで、脅威対抗論はもはや非現実的であると断じ、デタントという国際環境を前提として、「今日予想される将来の脅威（軍事的能力）に十分応じうる防衛力又はそれに近いものを整備の目標とはしない」とする、脱脅威論という新たな考え方を提起した。

さらに一九七四年論文で、侵略に際しては「できればこれを速やかに排除しあるいは少く《ママ》とも相手の犠牲をできるだけ大きくさせ（costly）、短期間に屈服することなく、国際世論の反撥を受けさせるような防衛力、防衛態勢」を持っていることが望ましいと論じ、このような防衛力を「基盤的防衛力」と呼んだ。

ただ、防衛庁内では久保構想に対する支持は必ずしも広がらなかった。それどころか、制服組は久保構想に対して「脅威を想定しない防衛構想は軍事常識に反する」と激しく反発した。また一九七三年二月一日、久保構想を反映するかたちで、前述の田中の指示にもとづく「平和時の防衛力」に関する防衛庁見解がいったんとりまとめられたものの、社会党などの野党の猜疑《さいぎ》心を刺激したため撤回されることで終わった。

ところが一九七四年一二月九日に三木武夫《みきたけお》政権の防衛庁長官に坂田道太《さかたみちた》が就任すると、坂田は防衛政策に関する国民のコンセンサスづくりという観点から久保の脱脅威論を評価した。そして坂田の下で、従来の所要防衛力構想に代わり基盤的防衛力構想が採用され、これまでの五か年防衛力整備計画に代わって、新たに防衛大綱（一九七六年大綱）が策定されることになる。

一九七六年大綱と基盤的防衛力構想

一九七六年大綱によれば、基盤的防衛力構想は三つの要素から構成される（図３–１）。第一に、「防衛上必要な各種の機能を備え、後方支援体制を含めてその組織及び配備において

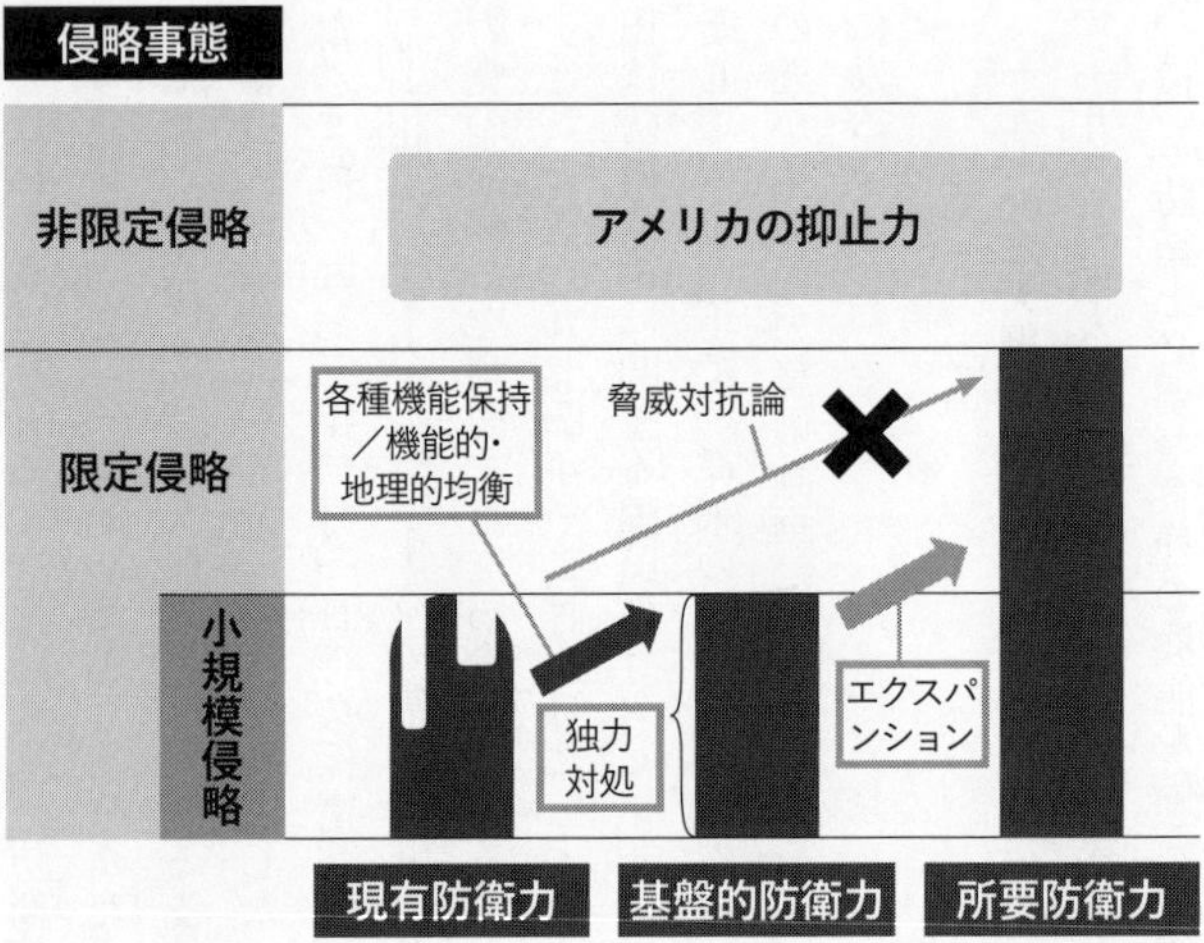

図 3-1
基盤的防衛力構想
出典：筆者作成。

均衡のとれた態勢を保有すること」、つまり普段は防衛に必要な各種の機能を保持してその機能的・地理的均衡を図っておくとする点である。戦闘機能や警戒・監視機能などのうち、何かの分野に特化するのではなく、正面装備と後方支援体制（補給など）のバランスをとるなど、防衛に必要な機能をまんべんなく整備し、また部隊を日本全土にバランスよく配備する。本書ではこれを「各種機能保持／機能的・地理的均衡」概念と呼ぶ。

第二に、日本の防衛力の大きさは、「限定的かつ小規模の侵略」に日本が原則として「独力」で対処できる程度で十分だとする点である（だがまだそ

表 3-1

基盤的防衛力構想時代の防衛大綱別表（1976年大綱～2004年大綱）

区分			1976年大綱	1995年大綱	2004年大綱
陸上自衛隊		編成定数		16万人	15万5千人
		常備自衛官定員	18万人	14万5千人	14万8千人
		即応予備自衛官員数		1万5千人	7千人
	基幹部隊	平素（平時）地域に配備する部隊	12個師団 2個混成団	8個師団 6個旅団	8個師団 6個旅団
		機動運用部隊	1個機甲師団 1個特科団 1個空挺団 1個教導団 1個ヘリコプター団	1個機甲師団 1個空挺団 1個ヘリコプター団	1個機甲師団 中央即応集団
		地対空誘導弾部隊	8個高射特科群	8個高射特科群	8個高射特科群
	主要装備	戦車	（約1,200両）	約900両	約600両
		火砲（主要特科装備）	（約1,000門/両）	（約900門/両）	（約600門/両）
海上自衛隊	基幹部隊	護衛艦部隊			
		機動運用	4個護衛隊群	4個護衛隊群	4個護衛隊群（8個隊）
		地域配備	（地方隊）10個隊	（地方隊）7個隊	5個隊
		潜水艦部隊	6個隊	6個隊	4個隊
		掃海部隊	2個掃海隊群	1個掃海隊群	1個掃海隊群
		哨戒機部隊	（陸上）16個隊	（陸上）13個隊	9個隊
	主要装備	護衛艦	約60隻	約50隻	47隻
		潜水艦	16隻	16隻	16隻
		作戦用航空機	約220機	約170機	約150機
航空自衛隊	基幹部隊	航空警戒管制部隊	28個警戒群 1個飛行隊	8個警戒群 20個警戒隊 1個飛行隊	8個警戒群 20個警戒隊 1個警戒航空隊 （2個飛行隊）
		戦闘機部隊			12個飛行隊
		要撃戦闘機部隊	10個飛行隊	9個飛行隊	
		支援戦闘機部隊	3個飛行隊	3個飛行隊	
		航空偵察部隊	1個飛行隊	1個飛行隊	1個飛行隊
		航空輸送部隊	3個飛行隊	3個飛行隊	3個飛行隊
		空中給油・輸送部隊	—	—	1個飛行隊
		地対空誘導弾部隊	6個高射群	6個高射群	6個高射群
	主要装備	作戦用航空機	約430機	約400機	約350機
		うち戦闘機	（約360機）	約300機	約260機
弾道ミサイル防衛にも使用し得る主要装備・基幹部隊		イージス・システム搭載護衛艦	—	—	4隻
		航空警戒管制部隊	— —	— —	7個警戒群 4個警戒隊
		地対空誘導弾部隊	—	—	3個高射群

出典：『防衛白書』2013年度版〈http://www.clearing.mod.go.jp/hakusho_data/2013/2013/index.html〉をもとに一部改編。

こには達していない)。「限定小規模侵略」とは、大がかりな準備なしにおこなわれる奇襲攻撃などであり、事前に察知するのが難しい侵略事態を指す。これが「限定小規模侵略独力対処」概念である。

そしてこのような考え方によって組み立てられる基盤的防衛力は、量的には既にできあがっているとされた。従来の所要防衛力構想が目的としていたような量的拡大はめざさない。あとはこの量的な枠のなかで、質的な改善を図ることとする。

ただ、これらの考えは、デタントという七〇年代当時特有の国際環境を前提としていた。では、もし国際的な緊張が高まったらどうするのか。その時は防衛力を拡張(エクスパンド)すればよい。これが基盤的防衛力構想の第三の構成要素である「エクスパンション」概念である。一九七六年大綱は、「情勢に重要な変化が生じ、新たな防衛力の態勢が必要とされるに至ったときには、円滑にこれに移行し得るよう配意」すると記している。

基盤的防衛力の具体的な数量は、陸上自衛隊一八万人、海上自衛隊四個護衛隊群、航空自衛隊作戦用航空機約四三〇機などであり、大綱別表に示されている(表3-1)。

そしてこのような基盤的防衛力構想は、久保構想、すなわち脱脅威論が、防衛大綱を通じて実現されたもの、として理解されることが多い。

防衛大綱の変遷

その後二〇二二年二月現在まで、防衛大綱は計六回策定されている。それら六つの防衛大綱やそこで採用された防衛構想は、以下の通りである。なお、防衛大綱は「五一大綱」などのように、策定年の和暦に由来する数字を冠する通称名で区別されるのが慣例であるが、本書では便宜上西暦を用いて「一九七六年大綱」などと表記する。

①「一九七六年大綱」（「五一大綱」。一〇月二九日策定、三木政権期）：基盤的防衛力構想
②「一九九五年大綱」（「〇七大綱」。一一月二八日策定、村山富市《むらやまとみいち》政権期）：基盤的防衛力構想
③「二〇〇四年大綱」（「一六大綱」。一二月一〇日策定、小泉《こいずみ》純一郎《じゅんいちろう》政権期）：基盤的防衛力構想＋多機能弾力的防衛力
④「二〇一〇年大綱」（「二二大綱」。一二月一七日策定、菅直人《かんなおと》政権期）：動的防衛力
⑤「二〇一三年大綱」（「二五大綱」。一二月一七日策定、安倍晋三政権期）：統合機動防衛力
⑥「二〇一八年大綱」（「三〇大綱」。一二月一八日策定、安倍政権期）：多次元統合防衛力

一九七六年大綱は一九年間維持された。この間、対潜哨戒機P‐3Cや戦闘機F‐15の導入

などが進んだ。

同大綱が改定されたのは、冷戦終結後の一九九五年のことである。「一九九五年大綱」は、冷戦終結（一九八九年一二月三日のマルタ会談でアメリカのブッシュ〔父〕大統領とソ連のゴルバチョフ書記長が宣言）・ソ連崩壊（一九九一年一二月二五日）により、ソ連・ロシアの脅威が低下したことを受け、防衛力の「合理化・効率化・コンパクト化」を掲げた。特に陸上自衛隊の定員数は、従来の一八万人から一六万人に削減される。そしてそこでも、基盤的防衛力構想は「踏襲《とうしゅう》」された。

続いて二〇〇一年九月の九・一一事件後に策定された「二〇〇四年大綱」は、テロや弾道ミサイル攻撃などの新たな脅威や多様な事態にそなえ、多機能弾力的防衛力という考え方を取り入れた。その際にも、基盤的防衛力構想の「有効な部分」は「継承」された。

その後二〇〇九年九月一六日に成立した民主党政権の下で、二〇一〇年大綱が策定された。基盤的防衛力構想が最終的に撤廃されるのは、ようやくこの二〇一〇年大綱においてであった。そのうえで同大綱は、多機能弾力的防衛力の考え方を発展させた動的防衛力への転換を明確にした。一言でいうと、グレーゾーンの事態を含む多様な事態へシームレス（切れ目なし）に対応することを含む、「脅威対抗・運用重視」の防衛構想である。このことは後述する基盤的防衛力構想との対比のなかでより鮮明になる。

二〇一二年一二月二六日に自民党が政権を奪還すると、民主党政権時代の防衛大綱は「二〇一三年大綱」に置き換えられた。同大綱では、統合機動防衛力の考え方が取り入れられる。ただし統合機動防衛力とは、民主党政権時代の動的防衛力の考え方を否定するものではなく、実効化したものである。この考え方は、宇宙・サイバー・電磁波といったいわゆる「新領域」への対応を念頭に、「二〇一八年大綱」で多次元統合防衛力という構想へとアップグレードされた。

二〇一三年・二〇一八年両大綱に顕著なように、近年防衛力の在り方として「統合運用」が強調されるようになっている。統合とは、陸海空の異なる「軍種」がまとまることを指す。従来、自衛隊の運用に関しては、陸海空幕僚長それぞれが防衛庁長官を補佐し、陸海空自衛隊に対する長官の指揮は「各幕僚長を通じて」おこなうものとされ、「統合」幕僚会議はあっても、陸海空自衛隊の調整機関にすぎなかった。自衛隊が統合運用体制に移行したのは二〇〇六年三月二七日のことである。これ以降、統合幕僚会議は「統合幕僚監部」となり、自衛隊の運用に関しては「統合幕僚長」が一元的に防衛庁長官（防衛相）を補佐し、自衛隊に対する長官（大臣）の指揮は統合幕僚長を通じておこなうこととなった。

2　査定をめぐる憂鬱

「お経」

さて従来の通説では、七〇年代における久保の脱脅威論が、直線的に政府の公的な防衛構想である基盤的防衛力構想に結実した、とされてきた。

しかしこうした見解は、近年見直されつつある（この点についてのもっとも初期の研究としては、拙稿「『防衛力の在り方』をめぐる政治力学――第一次防衛大綱策定から第二次防衛大綱策定まで」『国際政治』一五四号〔二〇〇八年一二月〕がある）。

というのも通説では、デタントを前提とした久保の脱脅威論とほとんど同一視される基盤的防衛力構想が、なぜその後の国際環境の変動にもかかわらず持続したのかという疑問を十分に説明できなかったからである。

ここで留意すべきなのは、防衛大綱と基盤的防衛力構想はそもそも何のために策定・導入されたのか、という点である。

これまでは、基盤的防衛力構想は脱脅威論を通じた防衛政策に関する国民のコンセンサスづくりのために導入され、同構想を取り入れるべく防衛大綱が策定されたとみなされてきた。

あるいは、基盤的防衛力構想の導入と大綱方式の採用との関係が明示的に説明されていないこともある。

だが考えてみれば、基盤的防衛力構想を導入するのにわざわざ防衛大綱をつくらなければならないというのは、必ずしも自明ではないだろう。基盤的防衛力構想だからといって、防衛力整備の目標の過程を示す必要がなくなったとは言い切れないからである。実際に基盤的防衛力構想の下でも、後述の「中期業務見積《みつも》り」（中業）、次いで「中期防衛力整備計画」（中期防）という所要経費も含む五年計画が防衛大綱とは別に策定されている。であれば、「五次防」で、基盤的防衛力構想を導入するということでもよかったのではないのか。

結論から言うと、「五次防」で基盤的防衛力構想を導入するということではダメであった。なぜなら、ここでは基盤的防衛力構想の導入というより、むしろ防衛大綱をつくること自体が必要とされていたからである。そしてさらに、防衛大綱をつくった目的は、「五次防」をつくらずにすますためであった。

これが防衛大綱がつくられ、基盤的防衛力構想が導入された理由であり、そのことへの理解が、同構想がなぜ長期にわたり持続することになったのかという問題を解く手がかりになる。

省庁の政策決定過程を検証する際に重要なのは、所管課の動きを追うことである。防衛庁でポスト四次防という憂鬱《ゆううつ》な問題を所管していたのは、内局の筆頭課である防衛局防衛課であった。そしてポスト四次防問題真っただ中の一九七五年九月五日に防衛課長に就任したのが、のちに防衛事務次官となる西廣整輝《にしひろせいき》である。内局防衛課部員として四次防立案に携わった藤井《ふじい》一夫《かずお》は、西廣の防衛課長就任がポスト四次防問題の「転機」だったと証言する。基盤的防衛力構想を理解するためには、久保だけでなく、この西廣という人物に着目する必要がある。そして西廣たちが何よりも重視したのは、四次防の失敗を繰り返さない、ということにほかならなかった。

このあとの一九七六年大綱策定直前の同年一〇月二七日に、西廣とその上司である丸山昂《まるやまこう》防衛局長が主要紙論説委員向けにおこなったいわゆる事前レクの録音テープの記録が、国立国会図書館憲政資料室に保管されている。それによれば、丸山・西廣と記者のあいだで、ポスト四次防に関する当時の防衛当局の本音を伝えるやりとりがおこなわれていた。

このなかで丸山は、四次防までの五か年防衛力整備計画には、「防衛サイドから財政当局に対して、先付けの小切手を貰《もら》うような意味」があったと述べている（『宝珠山昇関係文書』）。これらの計画は、計画期間中の所要経費を定めており、大蔵省の査定を受ける必要があった。大蔵省の査定に対応するのには多大なエネルギーを要する。防衛庁がそうした労苦を背負ってこれに対応してきたのは、計画が少なくとも向こう五年間の防衛予算を保証してくれるものだったからである。

ところが四次防では、査定が厳しいだけで、結果的に予算は保証されなかった。この顚末《てんまつ》を見た丸山や西廣は、だったらもう結構だ、予算の保証はいらない代わりに査定も止めてくれ、と開き直ったのだ。先の記者とのやりとりの記録のなかで西廣はこう言っている。「もう金にならなくなっちゃった。せっかく取ったんですが、先取りしたつもりでいたら先取りにならないから、ばかばかしいからもうやめたと(笑)」。つまり、「五次防」はつくりたくない、ということである。ではそのためにはどうすればよいのか。このような文脈で登場してくるのが、「防衛大綱をつくる」というアイディアだったのである。

「防衛計画の大綱」は、防衛庁設置法で「国防の基本方針」などとともに国防会議の諮問事項として記載があるだけで、そのようなタイトルの文書はそれまで一度も策定されたことはなかった(国防会議は、総理を議長とし、国防に関する重要事項を審議する閣僚級合議体。詳しくは第5章参照)。というより、防衛庁設置法でいう防衛計画の大綱とは、もともと一般名詞なのである。本来は、四次防までの五か年防衛力整備計画が、一般名詞としての防衛計画の大綱にあたる。これを西廣たちは、固有名詞と読み替え、防衛庁設置法が規定する「防衛計画の大綱」と銘打った文書がまだつくられていないので、つくってはどうかとの考えにいたった。そして固有名詞としての「防衛計画の大綱」が具体的にはどのようなものであるのかは、この時代の人は誰も知らない。

つまり、新たに固有名詞としての「防衛計画の大綱」をつくることで、従来の五か年防衛力整備計画とはちがい、計画期間や所要経費を明示しないことによって大蔵省の査定を免れるような、ポスト四次防の新たな防衛力整備計画をつくることが可能になる。そうすれば四次防の時のように原案をよってたかってズタズタにされることもない。この点について西廣は、ポスト四次防を「お経」でやりすごそうとした、という皮肉な言い回しをしている。西廣の言う「お経」こそが、防衛大綱にほかならない。

なぜ防衛大綱と基盤的防衛力構想はセットなのか

ところがここで問題が生じる。新たな防衛大綱であれ何であれ、所要防衛力構想に立つ限り、計画期間を明示しないでおくのは難しい。なぜなら、脅威に応じてこちらの防衛力を決めるというのだから、周辺諸国の軍事力の変動に関する定期的なレビュー（見直し）が理屈のうえでどうしても必要になるからである。

従来の防衛力整備計画が「五年」ごとに改定されていたのは理由のないことではなく、それくらいが脅威を定期的にレビューするのに適当な間隔だと考えられていたためであった。脅威対抗論に立つ限り、計画期間を明示しない防衛力整備計画を策定すること、そしてそのことを大蔵省に納得させることはできない。ここで防衛課にとって、「脱脅威」論が意味を持つことになる。

西廣は一九七六年の年明けにおこなわれた課長級の国防会議参事官会議に出席した際（防衛庁防衛課長は国防会議参事官を兼ねる）、従来通りの五か年防衛力整備計画案とともに、基盤的防衛力構想に言及し、「基盤的防衛力の考え方と行き止まりだけを決めて、それはいつまでに整備すると言わずに大まかに決めてしまう第二案」があるとし、防衛庁としては「第二案がよいのではないかと思う」との考えを披露《ひろう》した（筆者による国防会議事務局関係者へのインタビュー）。こうして計画期間や所要経費を明示しない超長期計画たる防衛大綱なるものを、基盤的防衛力構想にもとづいてつくるという展望が見えてくることになり、同年四月五日の坂田の指示で防衛局を中心に実際の大綱立案作業がスタートする。

一九七五年七月から防衛事務次官となっていた久保は、理論的なアプローチを好み、新しい防衛構想をポスト四次防問題よりずっと以前からそれこそ「求道者」（内局防衛課部員として一九七六年大綱立案を担当した三井康有《みついやすとも》）のように追い求めていた。だが久保とは異なり、ポスト四次防の所管課長である西廣やその上にいた丸山は、プラグマティックな姿勢で臨まざるをえなかった。西廣たちにとっては、予算編成を考慮すると一九七六年末までという時間的制約のなかで、現実的かつ具体的な解決策、すなわち五か年計画以外の防衛力整備の新たな方式をつくり出すということが喫緊《きっきん》の課題であった。そしてそのような新たな方式、つまり大綱方式に移行する理由づけとして、基盤的防衛力構想を使った節が見受けられるのである。

実際に後年西廣は、防衛大綱は「その時々の必要性」でつくられたものであり「必ずしも体系があ〔中略〕るわけではない」としたうえで、大綱は「一種の悪習」になったという言葉さえ口にした（筆者による渡邉《わたなべ》昭夫《あきお》氏へのインタビュー。青山学院大学教授であった渡邉氏は、西廣とともに細川《ほそかわ》護熙《もりひろ》総理の私的諮問機関として一九九四年二月二三日に設置された「防衛問題懇談会」の委員を務めた）。たしかに、もし七〇年代における防衛当局の関心が、一部の研究でいわれるような防衛大綱策定を通じた防衛政策文書の体系化を図ることにあったのならば、続いて防衛庁設置法が規定する「産業等の調整計画の大綱」の策定へと進むはずであるが、そのような動きは見られなかった。なお産業等調整大綱は現在まで一度も策定されたことはない。

基盤的防衛力構想が導入されたのは、防衛大綱をつくるためであり、防衛大綱をつくったのは、「五次防」をつくらずにすますためであった。これらは防衛政策文書の合理的な体系化というより、間に合わせ、あるいは丸山の表現によれば「窮余《きゅうよ》の一策」として、導入・策定されたものである。この点を理解しなければ、なぜ基盤的防衛力構想と防衛大綱がセットでなければならなかったのかが見えてこない。「五次防」で基盤的防衛力構想を導入できなかったのか、などというのは、天地がひっくり返った話なのである。

ハト派政権下の防衛構想

ところで基盤的防衛力構想は、安全保障問題に関してハト派（リベラル）とされる三木政権が生み出した抑制的な防衛構想であったといわれる。たしかに三木政権は、防衛に関して抑制的な政策をとっていた。たとえば、防衛予算の対GNP比一％枠を設定したのは三木政権である（一九七六年一一月五日）。また一九七六年二月二七日の三木総理による国会答弁で、従来の「武器輸出三原則」（共産圏、国連決議により武器輸出が禁止されている国、紛争当事国やそのおそれのある国への武器輸出を禁じたもの）が拡大して適用されることになった。

ところが西廣たちが三木政権の下で基盤的防衛力構想の導入を図ったのには、別のねらいがあった。大蔵省出身で、八〇年代後半から九〇年代前半にかけて防衛庁で防衛局長や事務次官を歴任し、西廣とも接点が多くあった日吉章《ひよしあきら》は、西廣から直接聞いた話として、基盤的防衛力構想は「三木さんの極端なリベラルさに一つの歯止めをかけたい、というところから出ているのは事実」「〔久保と西廣は〕三木総理に納得してもらえる案をどうして作ったらいいのかということで、非常に苦慮された」と証言している（筆者による日吉氏へのインタビュー）。

つまり基盤的防衛力構想は、ハト派の三木政権が生み出した抑制的な防衛構想であったというより、防衛当局の立場からすれば、むしろそのような三木から現有防衛力が「基盤」であるとしてその規模を守るためのものであったと見ることができる。

脱脅威論と脅威対抗論の両立

ところが、基盤的防衛力構想になかなか納得できないでいる人たちもいた。特に制服組である。軍事専門家である制服組にとっては、脅威対抗論こそが常識であって、背広組がつくった脱脅威論なるものによって防衛力の在り方が示せるとは信じられなかった。たしかに、デタントや景気後退、防衛力の在り方をめぐって新たな理念を示す必要性などにより、従来のような所要防衛力構想がまったく同じかたちで維持できないことは制服組も分かっていた。ただ、だからといって脱脅威論を受け入れなければならない理由はどこにもなかった。

実際ポスト四次防の防衛構想の候補であったのは、久保の脱脅威論だけではなかった。それが「N研究会」での検討を源流とする「常備すべき防衛力」と呼ばれる考え方である。

N研究会とは、西廣の防衛課長就任に先立つ一九七四年一〇月二八日に、西廣の前任者である当時の防衛課長・夏目晴雄《なつめはるお》にちなみ防衛課が設けた会合で、ここでポスト四次防の検討が重ねられていた。一連の検討を経てN研究会が達したのが、従来の脅威認識は下方修正し、防衛力の目標値を下げることは認めるが、KB論文からは距離を置き、脅威対抗論を維持する、という考えであった。

たとえば、対抗すべき脅威を、全ソ連軍ではなく、ヨーロッパ方面に振り向けられた部隊や装備を差し引いた極東ソ連軍に限定することなどが考えられた。つまり、「下方修正した」所要防衛力構想、あるいは「低」脅威対抗論である。N研究会はこの考え方を、「常備すべき防衛力」と称していた。

この「常備すべき防衛力」は、脅威対抗論にこだわる制服組にとってもギリギリのところで受け入れることのできる考え方であった。しかし、「常備すべき防衛力」と、脱脅威論たる久保構想とのあいだには、依然として断絶があった。

大綱方式に移行するには基盤的防衛力構想が有用である。しかしそれでは久保の脱脅威論を嫌う制服組が納得しない。この板挟みのなかで西廣が編み出したのが、脱脅威論から導き出した防衛力を、低脅威に対抗できるかどうか「検証」してみると、結果的には対抗できるものであったという、「検証論」と呼ばれるロジックであった。一九七六年大綱策定直前におこなわれた前出の防衛庁による記者への事前レクの記録には、この点に関する西廣自身の肉声が残されている。

「いままで『基盤的防衛力構想は従来のような脅威対抗論ではなくて、脱脅威論だ』というような言葉もありましたけれども、決して脅威をまったく無視しているということではございません」

「そこで防衛力というものを設定しまして、それで脅威ともう一回比べてみる、検証をしてみるというやり方をしたわけです。そして、検証をした結果が、相手から来る脅威に対してどの程度の力があるものかということを検証してみまして、あまりに小さいのではいかんと。〔中略〕ということを確認してみようという総括を行った」

（『宝珠山文書』）

西廣は、検証論によって、基盤的防衛力構想は脱脅威論からでも低脅威対抗論からでも説明できる、としたのである。逆にいうと、そうまでして脱脅威論にこだわったのは、脅威対抗論の立場からの批判に対し、「そうはいっても脱脅威論もなかなかいい考えですよ」というったレベルの話ではなくて、前述の通り、どうしても脱脅威論を取り入れなければならない明確な実務上の理由が存在したのだ。

実は久保構想は、脱脅威論としては不完全な理論であった。ＫＢ論文は、日本が独力で対処する奇襲攻撃などの「脅威」を、小さいながらも想定していた。これが基盤的防衛力構想における限定小規模侵略独力対処概念に発展する。

限定小規模侵略独力対処概念は、「限定小規模」に力点を置けば、そのような事態を一方的に想定することも含めて、たしかに反所要防衛力構想的ではある。他方で、「侵略（独力）対処」を強調すれば、一種の脅威対抗論にもなる。検証論で脱脅威論と低脅威対抗論が両立できたのは、脱脅威論に、限定小規模侵略独力対処概念という「穴」があったからであった。

ただ西廣たちは検証論を大々的に喧伝《けんでん》しようとはしなかった。脱脅威派に配慮したのであろう。ただ検証論自体は九〇年代に入っても内局内で受け継がれていた（筆者による秋山昌廣《あきやままさひろ》氏へのインタビュー。秋山氏は九〇年代に防衛局長や防衛事務次官を歴任した）。基盤的防衛力構想をめぐる「顕教《けんぎょう》」（建前）としての脱脅威論に対し、検証論はいわば「密教《みっきょう》」（本音）として、内局内で伝承されていくことになる。

解釈の不一致

さて、一九七六年大綱策定過程に話を戻すと、同大綱策定の約一年前の一九七五年九月から一〇月にかけて、坂田の下で久保や制服組首脳が一堂に会し、そこでの議論の結果、ポスト四次防の防衛構想として久保の基盤的防衛力構想が採用されることになったと、これまでの研究ではいわれてきた。

しかし事実は少し異なる。実際に一〇月一三日から一六日にかけて開かれた長官以下関係者による会議の議事録メモには、「久保次官不満あり」と記録されている（「『基盤的防衛力』構想の背景、策定経過関連メモ」政策研究大学院大学編『宝珠山昇オーラルヒストリー』所収）。もしここで本当に自分の主張が通ったのであれば、久保が不満を表明する必要はどこにもない。

この局面で実際に生じていたのは、久保、制服組、そして西廣たちのあいだでの、基盤的防衛力構想をめぐる解釈の不一致であった。たしかに制服組も、このころには基盤的防衛力構想を認めざるをえないと認識するようにはなっていた。ただ、それはあくまで同構想が、N研究会の言う「常備すべき防衛力」とイコール、つまり低脅威対抗論であることが前提であった。西廣は同じころ、検証論の立場から、「常備すべき防衛力」の「性格、実体」を「基盤的防衛力」と呼ぶ、と言い始めるようになった（『宝珠山文書』）。であるならば制服組にも基盤的防衛力構想に妥協できる余地があった。

これに対し、久保にとって、自らの構想と「常備すべき防衛力」のような低脅威対抗論は、どこまでも別物であった。

ただ、久保構想は防衛庁内のコンセンサスを得られなかった。そのため一連の議論のなかで、どうやら久保は自らの主張を、脱脅威論から低脅威対抗論まで後退させるのを認めたような印象を周囲に与える発言をしたようである（当時の鮫島博一《さめじまひろいち》海上幕僚長の証言）。

ところが一九七六年に入って議論は再び紛糾する。それは防衛大綱策定に先立ち、過去に一度出たきりになっていた『防衛白書』を復活させ、ポスト四次防に関するその時点での検討状況を白書のなかで公表するよう坂田が内局に命じたことがきっかけであった。白書の起草には、久保が率先してあたることになった。

その過程で、久保は再び自説に立ち返る。そして白書のなかで、日本の防衛力は「特定の差し迫った侵略の脅威に対抗するというよりも」、全体として均衡のとれた隙《すき》のないものであることが必要である、と記して、脱脅威論を鮮明にした。

白書の原案に接した制服組は仰天した。三月一九日に開かれた防衛庁の幹部会議である参事官会議の席上で中村悌次《なかむらていじ》海上幕僚長（鮫島の後任）は、「これが防衛庁の出す白書であろうか」と激しく反発した（防衛庁防衛庁史室『参事官会議議事要録』）。中村によれば、ここで久保と、あくまで脅威対抗論に立つ制服組とのあいだで、「見解の差というものが非常にはっきり浮かび上がって」きた。

関係者たちが脱脅威論と低脅威対抗論のちがいにこだわったのは、哲学の問題に加え、この当時はどちらの考え方をとるかによって、現実の防衛力の規模に「所要防衛力＞常備すべき防衛力∨現有防衛力∨基盤的防衛力」という無視しえない差が生じると信じられていたからであった。たとえば陸上自衛隊の定員数でいえば、所要防衛力だと二四万人であり、実際の大綱別表でも一八万人が確保されるが、一九七六年大綱策定以前は基盤的防衛力で一五万五〇〇〇人にとどめるとの議論がまかり通っていた。

久保は制服組の反対を押し切り、脱脅威論的な色彩の濃い『防衛白書』一九七六年度版の刊行に成功した。

ところがそれからわずかひと月後の七月一六日に、久保は次官を退任し防衛庁を去ることになった。実は久保はこの年の二月九日の定例記者会見で、ロッキード事件（アメリカの航空機製造大手ロッキード社による旅客機受注をめぐる汚職事件）に関連した舌禍《ぜっか》事件を起こしていた。一九七二年一〇月九日の国防会議で次期対潜哨戒機（PXL）の国産化が白紙還元されたのは、その直前の田中総理、後藤田正晴《ごとうだまさはる》官房副長官、相澤英之《あいざわひでゆき》大蔵省主計局長の協議の結果であると発言し、結果的にこれら三者とロッキード事件の関連を示唆することになって大問題になった。このことが原因で久保の退官時期は繰り上がり、一九七六年大綱策定過程の最終局面には関与できなかった。

脱脅威派と脅威対抗派のどちらも、他を圧倒できないままであった。

引き続く論争

こうした状況下で、国防会議での防衛大綱の審議は久保退官の三日前から始まった。そして計七回の審議を経て、一〇月二九日に初の防衛大綱である一九七六年大綱が国防会議決定・閣議決定された。

ところが同大綱自体は、基盤的防衛力構想が脱脅威論であるとも脅威対抗論であるとも明言していない。そればかりか、大綱本文のなかには「基盤的防衛力」という言葉自体が実は登場しない。むしろ当時の関連文書をよく読むと、久保構想的・脱脅威論的な表現と、脅威対抗論的な記述が混在していることに気がつく。たとえば、大綱策定の翌年に刊行された『防衛白書』一九七七年度版は、防衛力の規模を「平時の防衛力のあり方を主眼として」アプローチしたという、脱脅威論を強調した書きぶりとなっている。一方、同白書には、基盤的防衛力の質は「脅威に対応しうるものが必要」とする、脅威対抗論的な記述も見られる。

一九七六年大綱の正式決定後も、脱脅威派と脅威対抗派はお互いに自分たちの意見が通ったと言い張ったままであり、防衛庁中枢では基盤的防衛力構想の解釈をめぐって引き続き論争がなされていた。そのことは近年公開された史料から確認できる。

一九七七年五月六日に開かれた防衛庁臨時参事官会議で議論されたのは、なんと兵力量の算出方法として「平和時のアプローチ〔脱脅威〕か脅威対抗からやるのか」についてであった。これが、従来久保構想にもとづくものといわれてきた一九七六年大綱の策定から約半年も経ったあとの防衛庁中枢での会議の議題なのである。

この席で栗栖弘臣《くりすひろおみ》陸上幕僚長は、「脅威を前提としない去年の大綱は間違《ママ》である」と言い放った。続いて中村海上幕僚長も、脱脅威か脅威対抗か「コンセンサスを得られないまま〔一九七六年大綱は〕出された」と指摘したうえで、「防衛の本質は脅威対抗であるという基本線は譲れない」と主張した。さらに会議では、こうした制服組首脳による議論を受けて、丸山が事務次官（久保の後任）の立場で、大綱は「必ずしも基本的には脱脅威ではない」と発言している（『参事官会議議事要録』）。

また次のようなエピソードもある。一九七六年大綱策定の際に発表された防衛庁長官談話には、基盤的防衛力構想は「特定の脅威に対抗するというよりも」、国家間の地域的な安定均衡を前提として「平時における警戒態勢を重視する」という表現がある。この文言については、国防会議での防衛大綱の審議のなかでいったん登場したものの、かなり露骨な脱脅威論的な表現であったため制服組の反対によって取り下げられたという経緯があった。

それにもかかわらず、自分たちに何の相談もなくこの文言が長官談話に盛り込まれて発表されたことに制服組は怒り心頭であった。一九七七年一一月一六日に制服サイドがまとめた「統幕各幕意見」と題した文書はこの長官談話について触れ、「内局の一方的誤判断によるものであり幕としては関知しない」（強調点引用者）として不快感を隠さなかった（『宝珠山文書』）。

一方、既に防衛庁を退官していた久保も、引き続き専門誌などで論文を発表し、内局の宝珠山の表現によれば一九七六年大綱における基盤的防衛力構想は「自らのかねてからの主張が実ったもの」と解説していた。脱脅威論は野党や世論のあいだで受け入れられやすく、定着していく。

内局の三井は、基盤的防衛力構想をめぐって当時関係者たちが抱いた印象を端的に言い表している。「基盤的防衛力というのは、一方で脱脅威といい、他方で限定小規模侵略独力対処も標榜《ひょうぼう》している。どっちが中心なのか」。

これらの事実は、基盤的防衛力構想の脱脅威論的解釈と低脅威対抗論的解釈のあいだの溝が、一九七六年大綱策定後においても埋まっていなかったことを示している。そしてこれら二つの解釈は、検証論によって論理的に両立可能であった。

四次防の失敗に学んで五か年計画方式を止めるためには、防衛大綱をつくることが必要であり、そのことを正当化するために、基盤的防衛力構想の脱脅威論は有用であった。しかしそれでは脅威対抗派が納得しない。結局、基盤的防衛力構想が脱脅威論なのか脅威対抗論なのか、コンセンサスが得られないまま一九七六年大綱は策定された。このような同大綱策定経緯そのもの、つまり基盤的防衛力構想をめぐって脱脅威論とも脅威対抗論ともどちらともとれる多義的な解釈が併存していたということが、同構想がその後三〇年以上にわたって持続することになった原点である。

3　脅威論と整備・運用論の包摂

新冷戦期の脅威対抗論的解釈

これまで見たように、基盤的防衛力構想はデタントという国際環境を前提としていた。しかし、一九七六年大綱策定からわずか三年後の一九七九年一二月二四日にソ連軍が突如としてアフガニスタンに侵攻すると、早くもデタントの終焉と、米ソ新冷戦の到来が喧伝される。極東でも、空母「ミンスク」や超音速長距離爆撃機バックファイアー、中距離弾道ミサイルSS-20などの配備が確認され、ソ連の脅威が増大した。

またアメリカ政府も、日本に防衛力増強を要求するようになる。一九八一年六月に開催された日米安全保障事務レベル協議（SSC: Security Subcommittee）の席でアメリカ側は、「大綱は out of date〔時代遅れ〕」と断じ、日本側にいっそうの防衛努力を迫った（『大村襄治《おおむらじょうじ》関係文書』）。SSCは、安全保障に関する日米間の次官・局長級協議の枠組みである。

こうした情勢変化を受け、脱脅威論として認識されていた基盤的防衛力構想への批判が高まってくる。特に外務省からの出向組で、一九七八年から防衛庁参事官を務めていた岡崎久彦《おかざきひさひこ》（のちに外交評論家としても活躍する）は、ＫＢ論文を意識した「ＯＫ論文」と称する論文を書き、一九七六年大綱は「既に歴史的使命を終わりつつある」と切り捨てた。

それにもかかわらず、基盤的防衛力構想は新冷戦期を通じて持続することになる。

というのも、まずは論争そのものが、大綱別表の存在によって棚上げされることになった。別表で示された部隊編成や装備調達が未達成の段階では、基盤的防衛力構想に賛成だろうと反対だろうと、防衛力整備上おこなわれることは同じである。つまり、「デタントが終わったので基盤的防衛力構想では不十分だ」という主張は、「デタントが終わったからこそ、別表で定められた基盤的防衛力の水準を早期に達成すべきだ」という議論に取り込まれることになった。たとえば、大平正芳《おおひらまさよし》総理の私的諮問機関「総合安全保障研究グループ」の報告書などがこの立場をとった。

やがて、八〇年代を通じて基盤的防衛力構想の脱脅威論的解釈が息をひそめ、代わって脅威対抗論的解釈が強調される。

一九八七年八月二四日、このころ防衛局長となっていた西廣は、国会答弁で「力の空白」論と呼ばれる議論を展開し、基盤的防衛力構想が実は脅威対抗論としての側面も持っていることを明言した。相手国（ソ連）の軍事力が増大したにもかかわらず、もし日本の防衛力が変わらないとすると、その分のギャップ、つまり「力の空白」が生じ、地域の不安定化をもたらすことになる。基盤的防衛力構想の趣旨は、このような「力の空白」を生じさせないようにするということである。こう述べたうえで西廣は、したがって同構想は限定的ながらも「脅威対抗論であることもまた否定できない」と説明したのだった。検証論があったからこそ成り立つ答弁であった。

西廣答弁に先立つ一九八五年九月一八日に、中曽根康弘《なかそねやすひろ》政権の下で中期防（所要経費も含む五年計画。防衛庁限りの参考資料であった中業を政府計画に格上げしたもの）が策定された。この「一九八五年中期防」の下、シーレーン防衛（対潜水艦作戦、船舶保護のための作戦）能力の向上が図られるなど、それまで考えられていた基盤的防衛力の量的枠からははみ出すような防衛力整備も容認される。また一九八七年一月二四日にはGNP一％枠も撤廃された。アメリカ側からも、一九八五年以降は防衛大綱を容認する発言が聞かれるようになる。

そもそも一九八五年中期防で五年計画が復活し、そこで一八兆四〇〇〇億円の予算が確保できたということは、五か年計画方式を止めるために脱脅威論が必要という事情を過去のものにした。

一方、七〇年代末から九〇年代初頭まで海上幕僚監部で中枢の防衛畑を歩み、海上幕僚長などを歴任した佐久間《さくま》一《まこと》は、基盤的防衛力構想は「久保論文から始まって非常に長い時間とエネルギーをかけてつくりあげたものだから、それを一挙にまた覆すというのはとてもできなかった」と述べている。こうして基盤的防衛力構想を維持したまま、その脅威対抗論的解釈が強調されることで、新冷戦に対応した防衛力整備が進められる。

ポスト冷戦期の再定義

基盤的防衛力構想は新冷戦期のみならず、冷戦終結後さえも生きのびることになる。この点についての説明として、同構想がポスト冷戦期の戦略環境に合致したからだとする見方もあるが、以下で見る通り実態は異なる。

ところで、基盤的防衛力構想の定義として、「わが国に対する軍事的脅威に直接対抗するよりも、みずからが力の空白となってこの地域における不安定要因とならないよう、独立国としての必要最小限の基盤的な防衛力を保持するという考え方」という表現が用いられることが多い。ところがそもそもこのこと自体が、基盤的防衛力構想についての理解を誤る第一歩である。なぜなら、一九七六年大綱のどこを読んでも、また一九七六年当時の関連文書のどれにあたっても、このような基盤的防衛力構想の定義はどこにも書かれていないからだ。実はこの定義の初出は、冷戦終結後に刊行された『防衛白書』一九九二年度版なのである。

基盤的防衛力構想は、冷戦末期にはほとんど忘れられかけていた考え方であった。あるいは、むしろ意図的に忘れ去ろうとした節さえある。その証拠に、一九八一年以降、『防衛白書』で「基盤的防衛力構想」という言葉は一九九二年度版が出るまで一一年間一度も登場しなかった。それがなぜ一九九二年になって、白書で基盤的防衛力構想が突如として復活したのか。そしてなぜその際、一九七六年大綱にも書かれていない新たな定義を身にまとったのか。これらの問いへの答えが、なぜ同構想が冷戦終結後も生きのびたのかを解明する鍵となる。

実は基盤的防衛力構想は、冷戦が終結したにもかかわらず注目されたのではなく、冷戦が終結したからこそ、脚光を浴びるようになったのである。冷戦時代に生み出された防衛構想が、なぜ冷戦終結によって脚光を浴びるのか。それは冷戦終結という事象が、防衛力への下方修正圧力を強めるものだったからである。

実際に一九九三年八月九日に総理に就任した細川は、「軍縮」の観点から防衛力の在り方の見直しを求めた。これに対し、やや単純化すれば、防衛当局は次のように対応しようとした。「いや、日本の防衛力のレベルは下げられません。最初からこれ以上は下げられないという『基盤的防衛力』だからです」。つまり、冷戦終結にともなう防衛力への下方修正圧力を押し返すために、基盤的防衛力構想がここでいわば「古証文」（『朝日新聞』）として引っ張り出されてきたというのが実態であった。安全保障問題に関してハト派の総理大臣の下で、基盤的防衛力構想が持ち出されるのは、三木政権期とパラレルである。

しかしここに難点があった。前述の一九八七年の西廣答弁で、基盤的防衛力構想が脅威対抗論としても解釈できることが既に明らかになっており、むしろそのような解釈が強調されてしまっていた。同構想が脅威対抗論だとすると、ソ連・ロシアの脅威の低下にともない、基盤的防衛力もそれに連動して削減しなければならなくなる。脅威対抗論とは、防衛力を増やそうという立場にとっては脅威が高まっている時には有用だが、脅威が減るとたんに都合が悪くなる理論なのだ。

一方、防衛力への下方修正圧力を押し返すのに、脱脅威論はもってこいである。脅威が減ったので防衛力を下げよと言われても、「日本の防衛力はそもそも脅威とひもづいていない」と反論できるからである。そこで、西廣答弁からの軌道修正が図られ、「わが国に対する軍事的脅威に直接対抗するよりも」という、脱脅威論的解釈を前面に押し出した基盤的防衛力構想の再定義がなされたのである。

またこの再定義のなかでの「力の空白となってこの地域における不安定要因とならない」という表現について、次の一九九五年大綱策定に防衛庁長官官房企画官として深く関与した髙見澤將林《たかみざわのぶしげ》は、西廣答弁の「力の空白」論とは異なり、「対日指向可能兵力が下に下がると基盤的防衛力も下がるというのは困るという意味」であったと証言する（筆者による髙見澤氏へのインタビュー）。

踏襲と修正

新たに策定された一九九五年大綱は、基盤的防衛力構想を「踏襲」することをうたった。しかしここで同構想には、踏襲されたというには大きすぎる修正がほどこされている。まず一九九五年大綱が踏襲したのは、白書の一九九二年度版で再定義された基盤的防衛力構想のことであった。加えて一九九五年大綱は、同構想の構成要素についても修正をおこなった。前述のように、一九七六年大綱では、基盤的防衛力構想は「各種機能保持／機能的・地理的均衡」「限定小規模侵略独力対処」「エクスパンション」という三つの要素から成り立つものとされていた。これに対し一九九五年大綱では、これらのうちから後二者が削除されている。

その理由は、まず限定小規模侵略独力対処概念については、同概念の看板を掲げ続ければ、脅威論の観点から、「限定小規模侵略の規模自体が低下したのだから基盤的防衛力も削減しなければならない」との議論につながりかねないと懸念されたからであった。またエクスパンションは、冷戦終結後の軍縮ムードに到底なじむものではなかった。

一方、基盤的防衛力構想に代わる新たな防衛構想を求める声は高まらなかった。興味深いのは、一九九五年大綱策定過程で、様々な主体が、それぞれ異なる事情から、基盤的防衛力構想の存続を求めていたことである。同大綱策定に防衛局長として関与した秋山によれば、実は限定小規模侵略独力対処概念を維持することを最後まで主張していたのは、社会党と陸上自衛隊という、安全保障政策に対しまったく異なる立場をとる二つの集団であった。

社会党議員で与党防衛調整会議座長（当時は村山自民・社会・さきがけ連立政権）であった大出俊《おおいでしゅん》は、限定小規模侵略独力対処概念の削除により、脅威対抗論の方向で「防衛力の上限の理論的根拠」がなくなってしまうことを恐れた。一方、陸上自衛隊は、「防衛力構築の目的」がなくなり、限りなく防衛力水準の縮小につながるのではないかとして、社会党とは逆の理由から同概念の削除に反対したのだった。基盤的防衛力構想は、これをキャップ（上限）と考える人たちからも、ボトム（下限）と考える人たちからも、ともに支持されるような防衛構想であった（結局陸上自衛隊は、逆に脅威の低下との連動を懸念して削除に同意した）。

いずれにせよ冷戦時代の基盤的防衛力構想が冷戦終結後も維持されたのは、軍縮ムードが高まるなかで、現有防衛力の規模を守るためであったというのが実態である。

このように、基盤的防衛力構想は脅威対抗論とも脱脅威論ともどちらでも解釈できる考え方であった。ここに、同構想がデタント期につくられた防衛構想だったにもかかわらず、新冷戦期、さらにはポスト冷戦期にも持続可能であった秘密が隠されていたといえる。

限定小規模侵略「独力」対処は自主防衛論か

さて、基盤的防衛力構想の評価をめぐっては、これを「日米同盟重視論」の対概念である「自主防衛論」ととらえる見方がある。それは同構想が、限定小規模侵略「独力」対処をうたっていたからである。

ただ、そもそも基盤的防衛力構想が自主防衛論か否かという議論は、戦後日本の安全保障政策が「自主防衛か、日米同盟重視か」という選択のなかで揺れ動いてきた、という視座を前提としている。この見方はどの程度妥当だろうか。

ここで考えなければならないのが、一口に防衛といっても、実はそこには次元の異なる二つの分野が存在するということである。すなわち、「防衛力整備」と「運用」である。

防衛力整備とは、「将来」整備すべき防衛力の姿を設定し、その目標に向かって防衛力を構築していくことであり、主に内局や幕僚監部の防衛課などが担当する。そして運用とは、「現在」保持している防衛力を、実際に用いるか、用いるのを想定することであり、各運用課などが担当し（二〇一五年一〇月一日に防衛省の運用部門は統合幕僚監部に一元化）、第一線の部隊がその正面に立つ。

防衛力整備と運用は、その性格上、緊張関係に立つものである。防衛力整備で重要なのは、当然ながら、「いかに現有防衛力では不十分か」を説明することである。それを説明できなければ、戦車も護衛艦も戦闘機も何も買ってもらえない。そしてその際、予算獲得のために、実際のオペレーションとは異なる理屈が持ち出されることもあるかもしれない。

しかしこのような防衛力整備の基本的立場は、運用になじまない。運用は、「現有防衛力によって作戦を成功させる」のが仕事だからである。現有防衛力が足りないからといって、有事の際に敵前逃亡するわけにはいかない。また、予算獲得のためとはいえ、現実のオペレーションと異なる理屈を押しつけられても困る。

ところが運用サイドから、現有防衛力でも作戦をなんとか成功させてみせますといわれると、防衛力整備に携わる側は困ってしまう。

もちろん防衛力整備がかなりの程度進展し、運用上の要求に整備が短期間で応えられるということであれば、両者のギャップは縮まる。しかし防衛力をゼロから再建しなければならなかった戦後日本では、防衛力整備と運用のギャップが小さくなかった。五〇年代に吉田茂と鳩山一郎たちのあいだで見られたような政治論争（第5章参照）、あるいは世論やメディア、アカデミアは別として、安全保障政策の実務レベルで重要であったのは、「自主防衛か、日米同盟重視か」といったようなある種観念的な論争よりも、「防衛力整備重視か、運用重視か」をめぐる実際上の議論の方であった。

そしてこのことが、あくまで結果的にだが、自主防衛論や日米同盟重視論と関連してくる。防衛力整備サイドの説明に対し大蔵省はこう言うだろう。「いざとなったらアメリカが助けてくれるのだから、日本の防衛力は不十分でもいいではないか」。まだガイドラインも策定されておらず、有事における自衛隊とアメリカ軍の役割分担が不明確であった時代ならばなおさらのことである。そうすると防衛力整備の側は、「アメリカ軍は来ない」というストーリーで予算要求をおこなった方が大蔵省を説得しやすい。この点について航空幕僚監部防衛課長として一九七六年大綱立案にも関与した森繁弘《もりしげひろ》は、有事の際に日米が協力するのは当然ながら、「防衛力整備計画をつくる時は別」で、「『米軍の来援は遅れる』という前提でつくる」と種明かしをする。

一方この点についての運用サイドの発想は、防衛力整備と逆である。アメリカ軍来援という前提なしでは、作戦が成功するはずがない。

つまり、少なくとも実務レベルにおいては、一見「自主防衛か、日米同盟重視か」をめぐって対立があるかのように見えても、それは安全保障政策をめぐる本質的な路線対立といったものではなく、あくまで業務遂行のうえでの枕詞《まくらことば》であったにすぎない。あたかも「自主防衛」のような立論をする人たちが本当に望んでいたことは、日米同盟を破棄して自衛隊の力だけで日本を守る体制をつくることではなく、「防衛力整備」を、大蔵省に納得してもらうことであった。

防衛力整備のための概念

基盤的防衛力構想の限定小規模侵略独力対処概念とは、まさにそのようなロジックなのである。

内局で一九七六年大綱立案に関与した宝珠山は、限定小規模侵略独力対処という目標がなければ、「防衛力整備」が理念のないものに堕《だ》すると懸念していた。限定小規模侵略独力対処概念は、日本の「自主防衛」を勇ましくうったえているのではない。そうではなくて、限定小規模侵略に対してはアメリカ軍の来援なしでも対処できる防衛力をつくることを将来の防衛力整備の目標とするので、その分の予算を認めて下さいと、大蔵省に、ひいては納税者に、お願いしているのである。

限定小規模侵略独力対処は、防衛力整備のための概念であった。したがって、限定小規模侵略に自衛隊が独力で対処するというストーリーは、運用とは別世界の話である。言い換えれば、自衛隊に限定小規模侵略独力対処という作戦計画が存在したわけではなかった。運用の世界の作戦計画は、侵略の規模が限定小規模であろうとなかろうと、日米共同対処である。

こうした実態はやや理解しにくいが、制服組の佐久間は、限定小規模侵略独力対処概念について、「防衛力整備のフィクションであって、実際のオペレーションは違う」と説明する。限定小規模侵略独力対処「大作戦」はできないのだ。

逆に、仮に限定小規模侵略独力対処が本当に運用概念であるならば、陸海空三自衛隊の統合的な作戦計画でなければならないはずである。しかし、たとえば一九七八年二月一四日に統合幕僚会議事務局が作成した文書は同概念をめぐって、三自衛隊のあいだで「統合的に整合された共通の認識がオーソライズ〔公認〕されるには至っていない」という内実を吐露《とろ》している（『宝珠山文書』）。実際に三自衛隊のあいだで抱かれていた限定小規模侵略のイメージは陸海空それぞれ、ソ連陸軍四個師団による北海道侵攻から始まる、国籍不明の潜水艦による小規模攻撃から始まる、いや小規模な空襲からだといったように、バラバラであった（つまり、「だからよそより先にうちに予算を」と言っているのだ）。

防衛大綱は元来、防衛力整備の文書であり、運用、すなわち日米共同対処を規定するのが（次章でも見る）ガイドラインである。ガイドラインは、一九七六年大綱策定の二年後の一九七八年一一月二七日に初めて策定された（「一九七八年ガイドライン」）。両者の区別、そして限定小規模侵略「独力」対処概念と日米同盟の整合性については、一九八五年三月二九日の国会における矢崎新二《やざきしんじ》防衛局長答弁でも次のように明確に示されている。「日本防衛のための作戦の遂行、オペレーションの問題はそういう〔ガイドラインの〕仕組みで動く」のに対し、防衛大綱は「自衛隊の防衛力、これの整備の目標としての考え方として、まず限定かつ小規模の侵略に対しては独力で原則として対処できる程度のものを自衛隊の力としては持ちたい」としているものである。したがって、「両者それぞれ矛盾のない仕組み」である。

この点についての理解なしに、限定小規模侵略「独力」対処という字面だけをとらえてしまうと、安全保障政策のリアリティがつかめなくなる。

防衛力整備重視から運用重視へ

一九九五年大綱で基盤的防衛力構想の構成要素から限定小規模侵略独力対処概念が削除されたのは、この時期まで「自主防衛派」と「日米同盟派」の対立が続き、後者が前者に勝利した、という意味ではない。同概念の削除は、前述のように防衛力の下限を守るためであるとともに、安全保障政策の重心が防衛力整備重視から運用重視へと移行したことを示すものである。

一九九五年大綱策定過程で秋山防衛局長や担当者たちは、防衛問題懇談会での議論も背景として、新しい防衛大綱のなかで運用重視の観点を盛り込むことを企図していた。一九七六年大綱策定後の中業や中期防にもとづく防衛力整備の逐次《ちくじ》の進展に加え、一九七八年ガイドライン策定以降、自衛隊とアメリカ軍の共同演習・共同訓練が活発化した。これらの交流を通じ、自衛隊とアメリカ軍の役割分担が明確化されるにつれ、運用についても以前に比べてリアリティをもって考えることができるようになってきていた。秋山は、「これは限定小規模だから我が国だけでやります、ちょっと大きそうだから一緒にやろうかとかいうことにならない。実際のオペレーションとまったく異なるコンセプトは出すべきではない」との考えであった。

つまり基盤的防衛力構想からの限定小規模侵略独力対処概念の削除は、従来のような防衛力整備重視の発想に対する、運用重視の考え方からの異議申し立てであった。ここでの修正によって、基盤的防衛力構想は運用重視の考え方としても説明できるものになった。なお内局に「運用局」が設置されたのは、一九九五年大綱策定から間もない一九九七年七月一日のことである。

その後二〇〇四年大綱策定前後から、自衛隊に求められる役割として「抑止から対処へ」というフレーズが使われることが多くなる。ただ、そもそも「対処」できなければ「抑止」にはならない。「抑止から対処へ」とは、正確には「防衛力整備のための防衛力整備」から「運用上の要求にもとづいた防衛力整備」へ、の意味であろう。

こうして基盤的防衛力構想の解釈のなかに、脱脅威か脅威対抗かということのみならず、防衛力整備重視か運用重視かという論点も包摂された。こうなると、誰も基盤的防衛力構想に反対できなくなる。同構想は、「脱脅威論を通じた防衛政策に関する国民のコンセンサスづくり」という当初の理念とは異なり、結果的に脅威対抗論も含む様々な立場を包摂する「意図せざる合意」となって、冷戦終結後も持続したといえる。

＊

一九七六年に基盤的防衛力構想が導入されたのは、必ずしも脱脅威論を通じた防衛政策に関する国民のコンセンサスづくりのためであったわけではない。本章で見た通り、それは防衛大綱をつくるためであり、防衛大綱をつくったのは、有り体にいえば「五次防」をつくらずにすますためであった。基盤的防衛力構想と防衛大綱は、五か年計画方式を止めるためのエクスキューズなのであった。

ところが、基盤的防衛力構想が脱脅威論か、「常備すべき防衛力」のような低脅威対抗論かについてコンセンサスが得られないまま、一九七六年大綱は策定されることになった。また、基盤的防衛力構想は限定小規模侵略独力対処概念を含むという意味で、もともとは防衛力整備重視の考え方であったが、一九九五年大綱における修正を通じて、運用重視の立場か

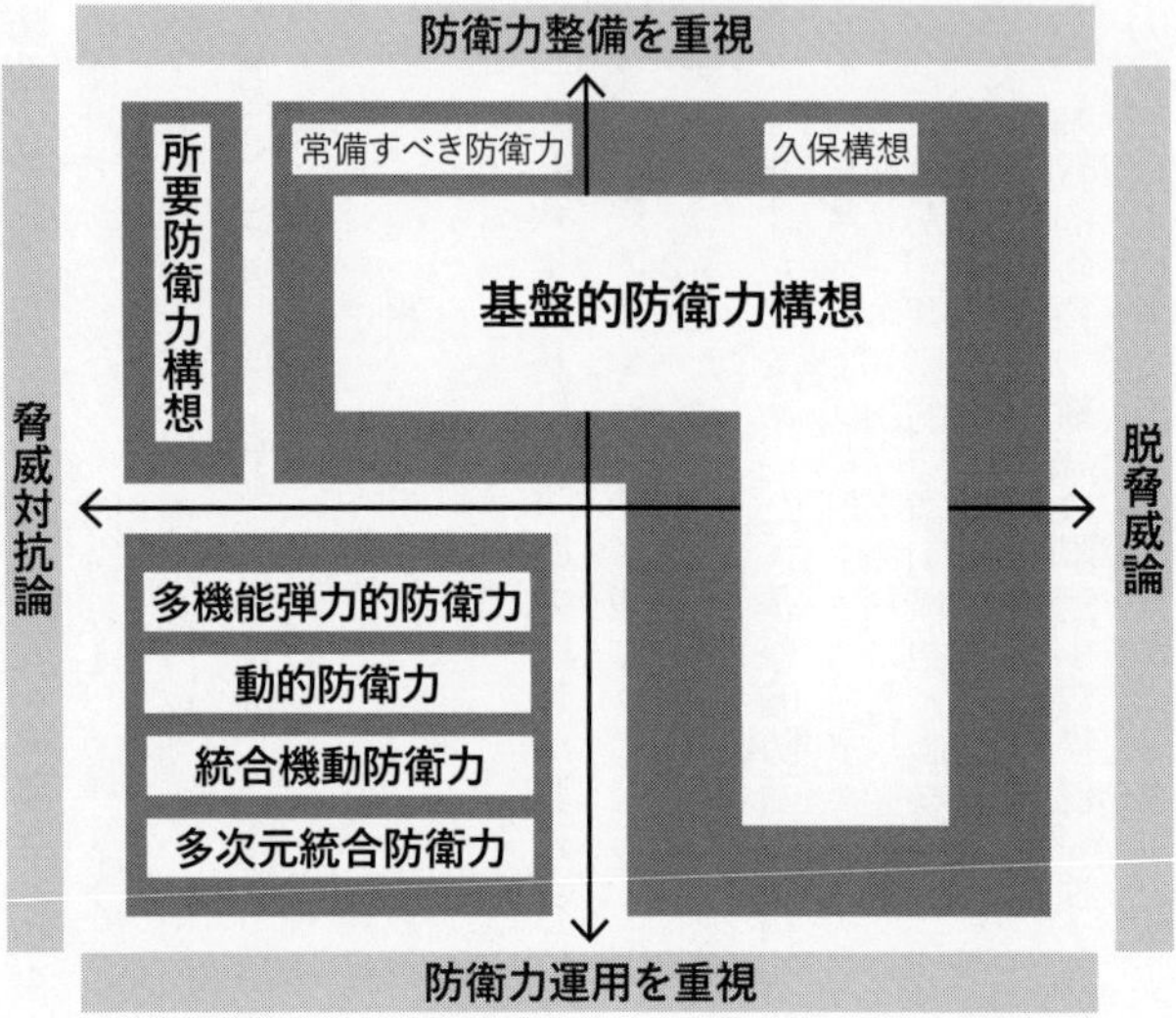

図 3-2

基盤的防衛力構想をめぐる多義的解釈

出典：筆者作成。

らも説明できるものになった。

デタント期に生み出された基盤的防衛力構想が、新冷戦期に、さらにはポスト冷戦期においても生きのびたのは、久保構想に時代を超えた普遍性があったからというわけではない。防衛力の在り方をめぐる様々な立場が、「基盤的防衛力構想」をめぐる多義的解釈のなかに取り込まれ、結果的に同構想が「意図せざる合意」となったからである（図3-2）。このことは、一九七六年の基盤的防衛力構想導入に関わった人びとの想像を超えていただろう。

七〇年代後半においては、四次

防の失敗が繰り返されたり、防衛力の在り方をめぐってコンセンサスが欠如するなかで防衛力整備が行き詰まったりするおそれがあった。それらを乗り越えるうえで、基盤的防衛力構想には一定の意味があった。

とはいえ、基盤的防衛力構想が様々な解釈を含み、同じ言葉でも時代によって力点が異なるような防衛構想となったことで、現実の防衛力の在り方を規律する力を失っていったと考えられる。また防衛力の在り方に関する政治指導者、背広組、制服組のあいだの認識の不一致を招き、健全な「政軍」関係の構築という点で課題を残した。さらに、その分かりにくさから混乱や誤解を生み、坂田長官が掲げた「防衛政策に関する国民のコンセンサスづくり」という理念からは結果的に逆行することにもなった。同構想は、それが導入された本来の理由から離れた、様々な意味づけがなされることで、しばりとして持続することになっていった。

一方、特に二〇〇〇年代以降、基盤的防衛力構想がその多義的解釈を通じて架橋《かきょう》しなければならなかったような、防衛力の在り方をめぐるコンセンサスの欠如という状況そのものが解消していく。まず脱脅威論は、日本を取り巻く安全保障環境が厳しさを増すなかで国民の脅威認識と合致しなくなってきた。また日米同盟の深化の過程で、アメリカと共有しにくい考え方であることの難点も出てきた（筆者による秋山氏へのインタビュー）。

次いで一九七六年大綱策定後の防衛力整備の逐次の進展や一九七八年ガイドライン策定以降の日米間の役割分担の明確化などを通じ、防衛力整備と運用のギャップが縮まり、防衛力整備のための防衛力整備から、運用上の要求にもとづく防衛力整備に力点が移った。三自衛隊の統合運用や、日米間の運用面での協力も重視されていく。

ここに関連して、各種機能保持／機能的・地理的均衡や限定小規模侵略独力対処の考え方は、日米間の運用面での協力より日本一国内での防衛力整備を重視するという点で、外部との線引きの問題ともつながっている。

いずれにせよ、こうした変化を背景に防衛力の在り方をめぐる新たなコンセンサスとなったのが、多機能弾力的防衛力に始まり、動的防衛力で基盤的防衛力構想と置き換わった、脅威対抗・運用重視の方向性を示した考え方であるといえる。この新たな構想は、統合機動防衛力、多次元統合防衛力と名を変えて、進化を続けている。そして新領域も含む統合運用により、多様な事態へシームレスかつ領域横断的に対応できる防衛力の構築が進められている。

基盤的防衛力構想がその役割を終え、内部でのしばりという問題が克服されたのは、同構想による「意図せざる合意」を必要としたような、防衛力の在り方をめぐるコンセンサスの欠如という状況そのものが変化したためであった。

第4章　ガイドライン――地域のなかの指揮権調整問題

1　日米防衛協力

限定的な「人と人との協力」

前章で見た防衛大綱が元来、防衛力整備の指針であったのに対して、日米安保条約の下での自衛隊とアメリカ軍の防衛協力に関する運用指針が、ガイドライン（「日米防衛協力のための指針」）である。

日米同盟は「物と人との協力」、すなわちアメリカによる日本防衛義務と、日本によるアメリカ軍への基地提供義務の交換によって成り立っている。同時に日米安保条約は、日本の施政下にある領域における日米いずれかへの攻撃に対し、日米両国が「共通の危険に対処するように行動する」と宣言している。つまり、きわめて限定的なかたちながらも、自衛隊とアメリカ軍の共同対処、すなわち「人と人との協力」の側面も有している。

限定的というのは、ここで自衛隊が武力を行使できるのは、日本防衛や在日米軍防衛、そして限られた条件下での日本の集団的自衛権行使によるアメリカ防衛の局面のみだからである。また、重要影響事態における自衛隊によるアメリカ軍への後方支援や、平時からの協力なども「人と人との協力」の範疇に含まれる。

そこでガイドラインが、日本有事やそれ以外の場合などでの日米共同対処に関する具体的な協力や役割分担について定めている。これにもとづいて、日米間で共同作戦計画の研究、共同演習、共同訓練などの協力がおこなわれている。

日米同盟が「人と人との協力」という側面も有しているにもかかわらず、有事の際に自衛隊とアメリカ軍が共同対処をおこなうための公式な枠組みは、戦後長らく存在しないままであった。初めてガイドラインが策定されたのは一九七八年のことであり、これはやはり初の防衛大綱である一九七六年大綱策定とほぼ同時期のことである。「一九七八年ガイドライン」は、基本的に日本有事(日米安保条約五条事態)のみを対象としたものであった。のちにガイドラインは改定され、周辺事態対処、さらには多様な事態へのシームレスな対処や「新領域」への対応を含むものへと進化していく。

日米同盟における指揮権調整問題

ところで、同盟国間の共同対処指針を決めるにあたって避けて通れないのが、指揮権をめぐる問題である。なお便宜上ここでの指揮権は、軍の行政や内部編成など全般的事項に関してではなく、軍事作戦に限定した責任と権限のみを指す場合も含むものとする。

軍隊のオペレーションでもっとも重要なことは、その軍隊が誰の命令で動くのか、ということである。部隊に対する指揮権の所在があいまいだと、作戦はメチャクチャになってしまう。二か国以上の連合作戦であればなおのこと、指揮権の所在は明確でなければならない。

日米同盟の場合も、共同対処における指揮権の在り方が、このガイドラインにおいて決められている。ガイドラインで実際に定められているのは、アメリカ軍の指揮権はアメリカが、自衛隊の指揮権は日本が握るという、「指揮権並列型」の体制である。西側の主要な同盟、たとえば米韓同盟やNATOとは異なり、日米同盟では有事においても指揮権は統一されず、「連合（軍）司令部」も設立されない。このことは一九七八年ガイドラインで初めて明確化され、今日にいたっている。

日米同盟における指揮権並列型体制をめぐっては、一悶着《ひともんちゃく》も二悶着もあった。一九七八年ガイドライン策定交渉では、当初アメリカ側は日本側に対し、有事において自衛隊がアメリカ人司令官の指揮下に入るかたちでの指揮権統一を要求していた。

実は一九七八年ガイドライン策定に先立つ日本占領末期の一九五二年二月二八日の「日米行政協定」署名にいたる交渉でも、アメリカ側は同じく日本側に有事指揮権統一を要求していた。日本側は、日米間の対等性確保のため、また有事指揮権統一は憲法上の問題も大きいことからこれを拒否した。しかし実際には、行政協定締結直後、日米両政府間で有事指揮権統一を約束したいわゆる「指揮権密約」が交わされていた。

指揮権密約の効力については、しばらくのあいだグレーの状態が続き、結局一九七八年ガイドライン策定によって日米同盟における指揮権並列型体制が明確化されることになる。

こうした経緯はそれ自体興味深いが、本章が焦点を当てるのは、日米同盟における指揮権の在り方は必ずしも日米二国間防衛の枠内で完結するわけではない、という点である。

というのも、一九五二年の指揮権密約によって、前述の通り有事において自衛隊とアメリカ軍が一体化することになっていたばかりか、そこには（指揮権が統一された）「日米同盟軍」が、同じアメリカ人司令官の指揮下で、米韓同盟軍とも事実上一体化しうる要素も存在していたからである。本書のいう「米日・米韓両同盟」とは、日米同盟が「物と人との協力」の次元で米韓同盟と連結していることを指すが、ここでは「人と人との協力」、つまり部隊運用の面でもつながりうる構図があった。

また、一九七八年ガイドライン策定交渉において指揮権並列型体制をとることで決着したのは、有事指揮権統一は集団的自衛権行使に該当するという問題だけでなく、当時のアメリカ側の「北東アジア軍司令部」構想の挫折や、「米韓連合軍司令部」創設の実現と無関係ではなかったと考えられる。

さらに二〇〇〇年代の日米間での「防衛政策見直し協議」（DPRI）でも、日本と韓国が連動するかたちでの極東における米軍司令部再編構想が浮上していた。

このようにガイドラインの主題でもある日米同盟における指揮権の在り方は、日米二国間防衛の枠内で考えることができる問題であるというよりも、実際には極東地域全体におけるアメリカ軍の指揮体系、特に米韓同盟における指揮権や司令部機能の在り方と密接に関係するものなのである。

本書第1章で見たように、戦後日本の安全保障をめぐっては、外部との線引きによってその仕組みが現実と調和したものになりにくいという問題がある。日本人のあいだでは、日米安保条約の極東条項や朝鮮密約によってアメリカの極東防衛コミットメントとのつながりを持つことは危険だとの見方が根強く、そのため在日米軍の行動に制約をかけようとする発想が生まれる。しかしこのような考え方は、日米同盟が実際には在日米軍基地を介した「米日・米韓両同盟」の一機能でもあるという戦略的・地政学的現実にそぐわない。

これは「物と人との協力」に関する問題だが、指揮権について米韓同盟との関係を度外視すると、似たことが「人と人との協力」の次元でも一定程度当てはまることになる。

なお日本側史料や先行研究では、英語で"combined"にあたる用語が「統合」と表記される場合もあるが、統合（joint）は一国内の異なる軍種がまとまることを指し、国家間の軍のまとまりは「連合」と称されるのが通常なので、本書では後者の表記を用いる。

それでは、まず日米防衛協力の基本をおさえたうえで、ガイドラインで定められる指揮権調整問題を歴史的に振り返っていくことにしよう。

「作文」

一九七八年ガイドライン策定以前から、日米間で有事の際の共同計画が作成されてはいた。しかしこれらの共同計画は、あくまで両国の制服組レベルによるものであって、政府によって公認されたものではなかった。また、共同対処における自衛隊とアメリカ軍の役割分担についても、あいまいなままであった。

特に、一九六五年二月一〇日の国会審議で社会党の岡田春夫《おかだはるお》議員が、自衛隊の極秘の有事研究である「三矢《みつや》研究」（「三矢」とは研究がおこなわれた昭和三八年と、陸海空三自衛隊の統合をかけたもの）の存在を暴露《ばくろ》して政府を追及した三矢研究事件ののち、有事研究はタブー視されていた。

そのため、実際に有事が起きた時に自衛隊とアメリカ軍が適切な共同対処を実施できるのか、不安が残されていた。一九七三年に警察庁から防衛庁に移り、その後防衛局長としてガイドライン策定に日本側で関与することになる丸山昂は当時、有事におけるアメリカ軍の来援やそれに対する日本側の受け入れ態勢が、ただの「作文」であるにすぎないことを知り驚く。これが当時の「人と人との協力」の実情であった。

そうしたなか、一九七五年三月八日の国会審議で、社会党の上田哲《うえだてつ》議員が、海上自衛隊とアメリカ海軍のあいだで「海域軍事秘密協定」があるのではないかとして政府を追及した。すると、坂田道太防衛庁長官が上田質問を逆手にとり、四月一日の国会で、安保条約にもとづく日米防衛協力について「ある程度詰めを行わなけりゃならない」としたうえで、「日米の防衛の責任者同士〔坂田とジェームズ・シュレジンジャー国防長官〕が話し合う必要がある」と言明して上田を驚かせた。

実際に同年八月二九日の坂田＝シュレジンジャー会談で、日米間の作戦協力に関する協議・研究の場を設けることが合意された。翌一九七六年七月八日に、ガイドライン策定交渉の場となる局長級の日米防衛協力小委員会（SDC: Subcommittee for Defense Cooperation）が設置される。上田質問は野党側から見てやぶへびとなり、一九七六年大綱策定と基盤的防衛力構想導入を主導した坂田が、やはりここでもイニシアティブを発揮することになって、ガイドライン策定交渉が始動したとされてきた。

ただ近年の研究では、ガイドライン策定のトリガー（引き金）をめぐっては上田質問以外の要因に目が向けられる傾向にある。実際にアメリカ側は上田質問以前から、既に日本側に共同計画の公式化・具体化についての働きかけをおこなっていた。一九七四年一〇月から一一月にかけて丸山や白川元春《しらかわもとはる》統合幕僚会議議長が訪米した際、アメリカ側は相次いで「日米軍事計画」の策定を提起している（Japan and the United States, National Security Archive）。外交史家の板山真弓《いたやままゆみ》は、一九六九年夏以降にアメリカ議会で、同盟国との秘密の共同計画の存在が問題視されていた点が影響したのではないかとの見方を示している。

一九七八年ガイドラインとその後の変遷

一九七六年八月三一日以降、ＳＤＣでの計八回の協議を経て、一九七八年一一月二七日、ＳＤＣの上部機構である日米安全保障協議委員会（ＳＣＣ: Security Consultative Committee）の場で、初のガイドラインが策定された。ＳＣＣは安全保障に関する日米間の協議の枠組みで、日本側から外相と防衛庁長官、アメリカ側から駐日大使と太平洋軍（現インド太平洋軍）司令官が出席した。なお一九九〇年一二月二六日にアメリカ側参加者も閣僚級に格上げされ、

「2プラス2」となる。

この一九七八年ガイドラインでは、日本有事における共同対処のために自衛隊とアメリカ軍が共同作戦計画について研究し、共同演習・共同訓練を実施するとされた。また日本有事の際の役割分担として、自衛隊が防勢作戦（港湾・海峡防備や防空など）をおこない、アメリカ軍が打撃力の使用などにより自衛隊を支援・補完する作戦をおこなうこと、そしてその場合、指揮権並列型の体制をとることなどが定められた。

その後ガイドラインは、一九七八年版を含め二〇二二年二月現在までに計三回策定されている。

①「一九七八年ガイドライン」（一一月二七日策定、福田《ふくだ》赳夫《たけお》＝カーター政権期）：日本有事

②「一九九七年ガイドライン」（九月二三日策定、橋本《はしもと》龍太郎《りゅうたろう》＝クリントン政権期）：周辺事態

③「二〇一五年ガイドライン」（四月二七日策定、安倍晋三＝オバマ政権期）：多様な事態、グローバルな課題、新領域

一九七八年ガイドライン策定以降、たとえば一九八〇年二月に海上自衛隊が環太平洋合同演習（リムパック）に初めて参加するなど、自衛隊とアメリカ軍の共同演習・共同訓練が活発化した。

ただ前述の通り、一九七八年ガイドラインは日本有事のみを対象としていた。ところが冷戦終結後の一九九三年から一九九四年にかけて、北朝鮮がNPT（核不拡散条約）脱退を表明し、IAEA（国際原子力機関）の査察を拒否したため、クリントン政権が対北朝鮮攻撃を検討した第一次北朝鮮核危機が起こる。この危機を通じ、極東有事における日米共同対処の枠組みが不十分であることが露呈した。

こうした「同盟漂流」とも呼ばれるチャレンジを経て、一九九六年四月一七日に橋本総理とクリントン大統領のあいだで「日米安全保障共同宣言」がとりまとめられた。そこでは日米同盟を、これまでの冷戦型の対ソ同盟から、冷戦後のアジア太平洋における安定化装置として再定義した。

「日米安保再定義」にもとづき、また一九九五年大綱とも連動するかたちで、日本有事に加え周辺事態も対象に含めた「一九九七年ガイドライン」が策定される。この一九九七年ガイドラインに国内法的な裏づけを与えたのが一九九九年五月に制定された周辺事態法（のちの重要影響事態法）である。なおここでの周辺事態とは、地理的概念ではなく、事態の性質に着目した概念である。

さらに、近年における中国の台頭などを踏まえ、「二〇一五年ガイドライン」へとアップグレードされた。そこでは、従来のガイドラインが依拠していた平時・周辺事態・日本有事の区別がもはや困難との認識に立ち、グレーゾーンの事態を含む多様な事態にシームレスに対処することについての日米間の協力がうたわれた。加えて、グローバルな課題や宇宙・サイバー・電磁波といった新領域への対応についても強調されている。

同盟と指揮権

さて、ガイドラインのような同盟国間の共同対処指針において重要な位置を占めるのが、指揮権調整問題である。

現代の主要な同盟では、平時から連合軍司令部が設立され、同盟参加国のうちいずれかから司令官があてられるようになっている場合がある。そして有事には、（場合によっては平時からでも）同盟参加国の軍隊は連合軍司令官の指揮下に入り、指揮権が統一されることになる。

一般論として、同盟国間の連合作戦は単一の連合軍司令官の下でおこなわれる方が効率的であろう。また、連合軍司令部体制を通じ、連合作戦をおこなううえでの同盟国間の制服レベルでの一体感が醸成されると考えられる。

たとえば米韓同盟では、米韓連合軍司令部（CFC）が存在し、同司令部のアメリカ人司令官（ほかに朝鮮国連軍司令官と在韓米軍司令官のポストを兼務）が、有事において在韓米軍と韓国軍から成る米韓連合軍の指揮権（作戦統制権）を持つ。そして韓国軍人が副司令官を務める。

NATOの場合も、最上級司令部であるヨーロッパ連合軍最高司令部（SHAPE）の司令官はアメリカ人で、アメリカ地域統合軍の一つであるヨーロッパ軍の司令官が兼務する。アメリカ軍は管轄地域ごとに統合軍を編成しており、ヨーロッパ軍のほかに北アメリカ担当の北方軍、南アメリカ担当の南方軍、インド太平洋軍、中東担当の中央軍、アフリカ軍がある。そしてNATOではアメリカ人司令官の下に、副司令官はイギリスから、ナンバー3の参謀長はドイツから出るのが慣例となっている（加盟国の全軍が組み入れられるわけではない）。

米統合参謀本部による分類では、米韓同盟やNATOは指揮権の観点から、指揮権「一体」型の同盟とされる。同盟と指揮権をめぐる類型には、このほかに、二〇〇三年のイラク戦争の際の「有志連合」（同盟より結束がゆるやか）に見られるような、「一国主導」型と呼ばれる体制も存在する。

日米同盟の場合、前述の通り連合司令部は存在せず、指揮権「並列」型の体制をとっている。このことを初めて明確にした一九七八年ガイドラインは、「自衛隊及び米軍は、緊密な協力の下にそれぞれの指揮系統に従って行動する」と規定した。続く一九九七年ガイドラインでも、「自衛隊及び米軍は、緊密な協力の下、各々の指揮系統に従って行動する」とされた。さらに二〇一五年ガイドラインも「自衛隊及び米軍は、緊密に協力し及び調整しつつ、各々の指揮系統を通じて行動する」との規定で踏襲している。

日米同盟が指揮権並列型体制をとっていることには、日本側の意向が反映されている。そもそも日本が自国の実力組織を他国軍の指揮下に入れるのを認めたのは、占領期を除けば歴史上一度しかない。義和団《ぎわだん》の乱（一九〇〇～一九〇一年）で、ドイツが八か国連合軍総司令官にアルフレート・ヴァルダーゼー元帥を任命することについて日本などに同意を求めた際、山縣有朋《やまがたありとも》総理らはほとんど深く検討することなくこの申し出を即時受諾した。しかし直後に知った元老伊藤博文《いとうひろぶみ》は激怒し、「天皇の統帥権に影響する所あり」として山縣らを厳しく詰責《きっせき》した。伊藤の怒りはおさまらず、その夜には手記に「終宵不能眠、有髪衝冠思」、つまり眠れないほど頭にきた、とまで書いている。これ以外に依拠できる前例がないことも、日本人が外国軍との指揮権統一に抵抗を感じる一因かもしれない。

一方アメリカ軍では、同盟国とのあいだで指揮権並列型の体制をとることは通常避けるべきだとされている。そして前述した通り、実際にアメリカは過去に何度も、有事の際に自衛隊がアメリカ人司令官の指揮下に入るかたちでの指揮権統一を日本側に要求していた。そのような場となったのが、一九七八年ガイドライン策定交渉であり、さらにさかのぼれば、日本占領末期の日米行政協定締結交渉であった。

2　指揮権調整をめぐる日米交渉

日米行政協定をめぐる攻防

日本は日米行政協定、一九七八年ガイドラインいずれの交渉においても、アメリカによる有事指揮権統一の要求を拒否した。

日米安保条約の細目として、旧条約署名翌年、日本占領末期の一九五二年二月に締結された日米行政協定は、第二四条で、「日本区域において敵対行為又は敵対行為の急迫した脅威が生じた場合」には、日米両政府は「日本区域の防衛のため必要な共同措置を執《と》り、且《か》つ、安全保障条約第一条の目的〔日本と極東の安全への寄与〕を遂行するため、直ちに協議しなければならない」と規定した。

この条文が成立する背景には、日米間の厳しい攻防があった。というのも、もともとアメリカが行政協定に書き込もうとしていたのは、有事の際に日米両国が「協議」するにとどまらず、日本とのあいだでアメリカ人が司令官を務める「連合司令部」を設立し、日本の実力組織（当時は警察予備隊）を指揮下に入れることだったからである。

一九五一年二月九日にアメリカ側が日本側に提示した行政協定の当初の草案では、実際の第二四条に相当する箇所には、次の案文が掲げられていた。すなわち、日本区域内で敵対行為またはその急迫した脅威が生じた時は、「日本区域内の全アメリカ軍、警察予備隊、および潜在的軍事能力を有する他のすべての日本の組織」は、「日本政府と協議のうえアメリカ政府によって任命される最高司令官の統一指揮の下に置かれる」（外務省「平和条約の締結に関する調書Ⅳ」）。

アメリカ案は、警察予備隊が弱体すぎることへの懸念の裏返しであった。講和発効後の一九五二年五月一〇日にも、東京の米極東軍司令部（GHQと同一組織で、ハワイの太平洋軍司令部からは独立していた）は、統合参謀本部に宛てた電報のなかで、現在の警察予備隊の戦闘能力と規模では、「広域防衛における単独での使用は不可能」と指摘している（『アメリカ合衆国対日政策文書集成』）。

アメリカ案に対して日本側は、有事指揮権統一は日米間の対等性を損ない、また憲法上の問題も大きいと受け止めた。三月一四日に日本側は対案として、日米両国の代表者から成る「共同委員会」の設置を提案するにとどめた。

交渉最終盤の一九五二年二月一九日に日本側が再度提案したのは、連合司令部の設立を容認しながらも、「いずれかの政府にその憲法上の制限を超える義務を課するものであってはならない」との留保を付した案文であった（「調書Ⅷ」）。

これに対しアメリカ側は、日本側の事情を考慮して態度を軟化させていく。日本案を見た米国務省は、むしろ行政協定には、日米両国が緊急時に共同防衛に必要な措置について即座に協議することだけを記載する案の方が好ましいと考え、統合参謀本部の了解を取りつけたうえで、二月二三日に日本側と合意に達した。こうして日米有事指揮権統一が行政協定で明文化されることは回避された。

指揮権密約

だが実際には、日米行政協定締結交渉で焦点となった有事指揮権統一問題は、同協定第二四条の文言確定で終わったわけではなかった。

行政協定に合意した二月二三日の日米協議で岡崎勝男《おかざきかつお》外相は、同協定から「連合司令部」の語句が削除されたことについて、「アメリカ側がもはや日米連合司令部の設立に関心がないことを意味するとは、日本政府は解釈しないであろう」との保証を与えざるをえなかった（*FRUS*）。アメリカ側は有事指揮権統一構想をあきらめてはいなかった。そこで極東軍司令部は、有事指揮権統一について日本側から「口頭の合意」というかたちで約束をとりつけることを提案し、国務・国防両省の承諾を得た。

七月二三日、ロバート・マーフィー駐日米大使公邸にマーフィーと極東軍司令官マーク・クラーク将軍、吉田茂総理、岡崎が集まって夕食会が開かれた。そしてこの場でクラークが、日米間で有事指揮権について明確化しておく必要があることに言及したのに対し、吉田は口頭で秘密裏に次のように約束した。「有事の際に単一の司令官は不可欠であり、現状の下ではその司令官はアメリカによって任命されるべきである」。これは「吉田＝クラーク秘密口頭了解」、あるいは指揮権密約といわれる（二六日にその旨をクラークが統合参謀本部に報告した）。指揮権密約は、憲政史家の古関彰一《こせきしょういち》によって一九八一年以降知られるようになった。

指揮権並列型体制の明記

このあと日米同盟における指揮権の在り方については、表立っては並列型体制であるとの説明がなされた（一九五四年三月一五日、岡崎外相答弁）。しかし実際には日米間で有事指揮権統一に合意した密約が存在するという、いびつなかたちのものとなった。

一九六〇年安保改定で、従来の日米行政協定は「日米地位協定」に置き換わり、有事の際の日米協議については新日米安保条約本体（第四条）に取り入れられた。一方、指揮権密約の効力については、密約（しかも口頭）という合意方式の性格や、日本側で集団的自衛権行使違憲論が登場したことなどから、グレーの状態となり、日米間で指揮権の在り方に関する議論が断続的になされる。

こうした経緯を経て、七〇年代のガイドライン策定交渉のなかで、日米有事指揮権統一問題が焦点となった。

一九七六年八月から始まったSDCでのガイドライン策定交渉に、日本側から統合幕僚会議事務局指揮調整班員として臨んだ石津節正《いしづさだまさ》によれば、交渉でアメリカ側は、「共同作戦をやる時のトップは米軍だ」と主張した。これに対し日本側は、「米軍に指揮権を持たすことは出来ない」との立場であったが、当初はアメリカ側も引き下がらず、日米間で激しいやりとりが交わされた。

結局、指揮権調整問題については、一九七七年八月一六日に開催された第五回SDCでおおむね妥結した。ここで日本側が、有事の際に調整された共同行動をとる場合、自衛隊とアメリカ軍は緊密な協力の下に「それぞれの指揮系統の下、活動する」とする案を提起し、アメリカ側が了承する。

なお、板山の研究や石津の証言によると、指揮権によらない作戦統制（火砲の統制、対潜水艦作戦の統制、自衛隊の陸上システムによる米軍機の地上要撃管制など）については、引き続き日米間で交渉がおこなわれた。そして一九七八年一〇月三一日の第八回SDCで、自衛隊とアメリカ軍は整合のとれた作戦を共同して効果的に実施することができるよう、「あらかじめ調整された作戦運用上の手続に従って行動する」との文言に落ち着く。

一連の交渉の結果、一一月二七日に開催されたSCCで正式に了承されたガイドラインでは、前述の通り指揮権並列型の体制をとることが明記された。

もともとアメリカ側の関心は、日本有事よりも極東有事における日米防衛協力の枠組みづくりにあったが、日本側が消極的で、これについては一九九七年ガイドライン策定まで事実上先送りされる。

こうして見ると日米同盟における指揮権調整は、日米二国間防衛の枠内で完結する問題であるように映る。

3　米韓同盟との関わり

「米日・米韓両連合司令官」

ところが前節までに見た経緯にもかかわらず、指揮権調整は必ずしも日米二国間防衛の枠内で考えることができるような問題ではなかった。

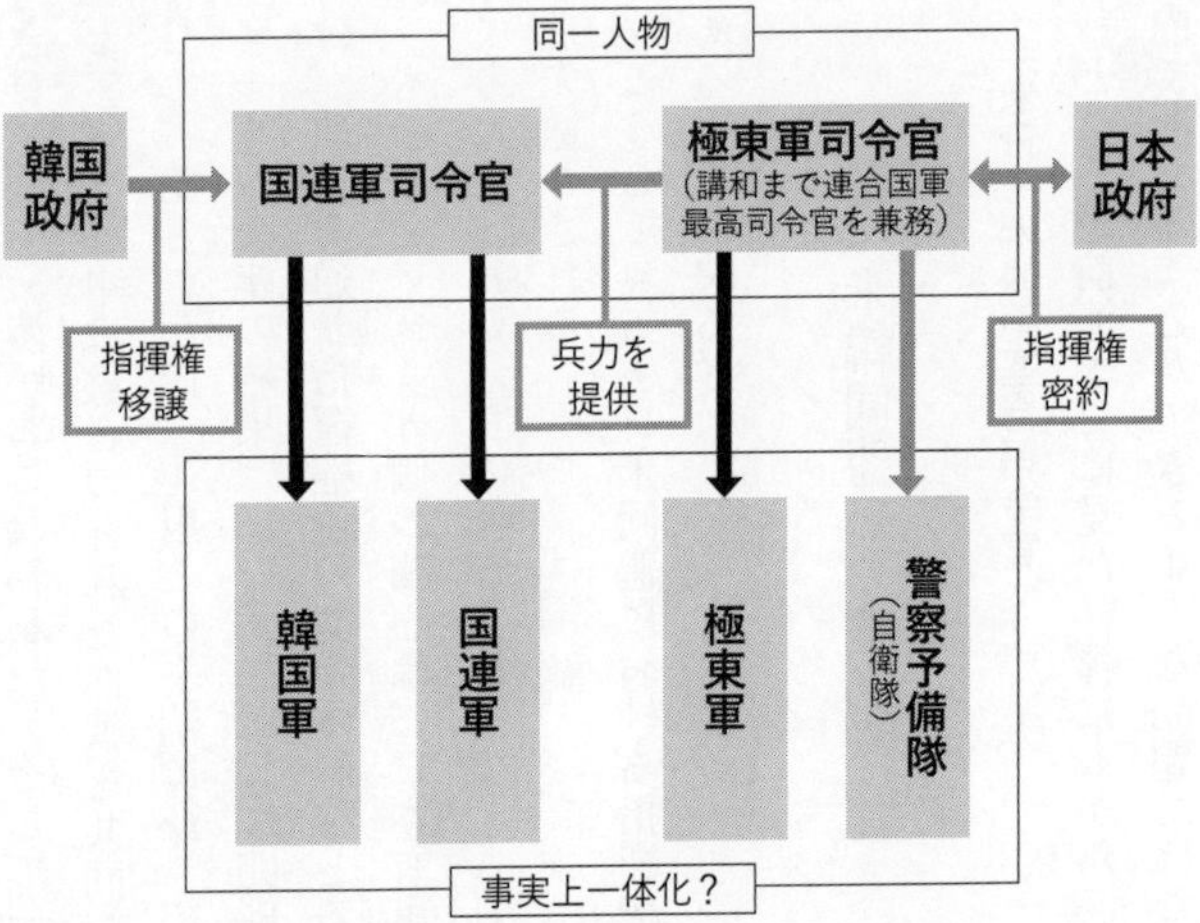

図 4-1
極東におけるアメリカ軍の指揮体系と日米指揮権密約
出典：筆者作成。

実は一九五二年の指揮権密約には、有事の際に日本の実力組織とアメリカ軍が一体となるばかりか、そのような「日米同盟軍」が、さらに「米韓同盟軍」とも、同じアメリカ人司令官の指揮下で事実上一体化しうることになる、という要素があった。

これに先立つ一九五〇年六月に、朝鮮戦争が勃発し、七月七日には東京のGHQ・極東軍司令部に兼ねて朝鮮国連軍司令部が設置されていた。そして同月一四日、韓国の李承晩《イスンマン》大統領は、韓国軍の指揮権をアメリカ人である国連軍司令官に移譲した。この国連軍司令官のポストは、連合国軍最高司令官たる極東軍司令官が兼務していた。そして、アメリカ側が日米指揮権密約によって警察予備隊の有事指揮権を掌握するとしたアメリカによって任命される司令官とは、極東軍司令部が想定していたように、韓国軍の指揮権を保持する国連軍司令官たる極東軍司令官にほかならない（図4-1）。

極東におけるアメリカ軍の指揮体系により、もともと極東軍司令官が指揮する極東軍のみならず、極東軍司令官が「国連軍司令官」としての立場で指揮する国連軍（アメリカ側からは極東軍司令部が兵力を提供）、さらには、同じく国連軍司令官の指揮下にある韓国軍が、同じアメリカ人司令官の下で「渾然《こんぜん》一体となる構造」（倉田秀也）が生じていた。

ここで警察予備隊が有事において極東軍司令官の指揮下に入るということは、同司令官が単に「日米連合司令官」であるのみならず、事実上の「米日・米韓両連合司令官」になる、ということであった。つまり日米同盟と米韓同盟（正式には一九五三年一〇月一日以降）が、極東有事におけるアメリカ軍による日本の基地の使用を通じてのみならず、部隊運用の面でも、「米日・米韓両連合司令官」の指揮権を通じ、連結しうる構図が生まれることを意味していたのである。

日米行政協定締結交渉において日本側が憂慮したのは、有事指揮権統一により、単に日米二国間関係の文脈のなかで講和後の両国間の対等性が損なわれるということにとどまらなかった。柴山太は、警察予備隊本部幹部の証言も踏まえ、「日本政府は、アメリカ指揮下で日本部隊が日本地域外に派遣され、戦闘する可能性を恐れていたのであった。具体的には、恐らく朝鮮半島への派兵を恐れていた」と指摘する。実際に朝鮮戦争で海上保安庁の特別掃海隊が機雷掃海活動に従事したことを踏まえると、従うべき見解である。有事に日米間で指揮権が統一されれば、警察予備隊が「日米同盟軍」の一部となり、さらに「米韓同盟軍」とも一体化しうる。運用上の意味合いは別にしても、日本側がそのような可能性のある仕組みを日米行政協定に明記することは、一国平和主義という観点から到底受け入れられなかった。

朝鮮戦争休戦後の米軍司令部再編

このような指揮権の観点からの日米同盟と米韓同盟の関係性に影響を与えることになったのが、一九五七年のアジア太平洋における米軍司令部再編であった。

一九五三年七月の朝鮮戦争休戦後、アイゼンハワー政権はアジア太平洋におけるアメリカ軍の指揮体系の簡素化を図った。そして一九五七年七月一日に極東軍司令部は解体され、太平洋軍司令部の指揮下に在日米軍司令部が創設されるとともに、東京の朝鮮国連軍司令部はソウルに移転した。ただ在日米軍司令官には在日米軍の指揮権はなく、その役割は太平洋軍司令部の出先機関のようなものにとどまる。つまりこの時の米軍司令部再編により、極東軍司令官が「日米連合司令官」（そして結果的に「米日・米韓両連合司令官」）の受け皿となると

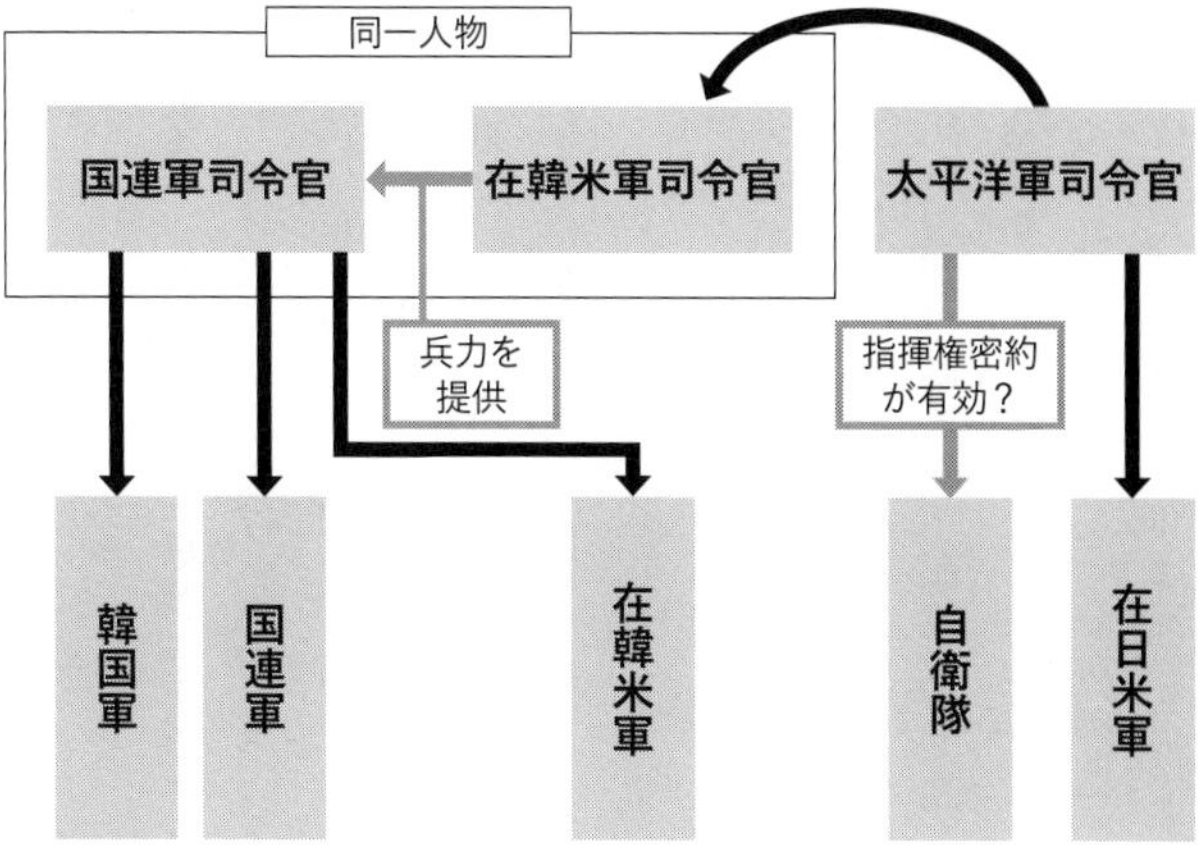

図 4-2
極東軍司令部解体後のアジア太平洋におけるアメリカ軍の指揮体系
出典：筆者作成。

いう、指揮権密約が本来想定していた前提が失われることになったわけである。

仮に指揮権密約でいうアメリカによって任命される司令官を、極東軍司令官ではなく「太平洋軍司令官」と読み替えてみたとしても、それまでのように極東軍司令官が国連軍司令官と同一人物であったのとは異なるし、また太平洋軍司令官は在韓米軍の指揮権は持つが国連軍司令官を直接指揮できるわけではないので、「日米同盟軍」と米韓同盟軍がただちに一体化することにはならない（図4-2）。

なお、有事においては在韓米軍司令官が国連軍司令官に兵力を提供するのだが、在韓米軍司令官のポストは国連軍司令官が兼ねるので、司令官個人の立場で見ると、自分が自分に兵力を提供する、ということになる。

「北東アジア軍司令部」構想と米韓連合軍司令部創設

そして日米同盟における指揮権調整を扱う一九七八年ガイドライン策定に向けた動きが始まるのと同じタイミングで、またもや指揮権問題に影響しかねないような極東における米軍司令部再編構想がアメリカ側で浮上していた。

一九七三年一二月、太平洋軍司令部は新たな地域統合軍司令部たる「北東アジア軍司令部」創設構想の検討を開始した。この構想は、従来の国連軍司令官兼在韓米軍司令官を「北東アジア軍司令官」とし、しかもその下に、在韓米軍のみならず、在日米軍の指揮権までもまとめようとするものであった。

この背景には当時のアメリカ軍部が、ベトナム戦争終結（一九七三年一月、パリ協定署名）後の太平洋軍組織の縮小を求められていたことがある。そこで軍部は、太平洋軍司令官の指揮系統から、在韓米軍と在日米軍を切り離し、両者をまとめて極東地域における独立した米軍司令部を創設しようとしていたのである。

ニクソン政権からフォード政権に代わった（一九七四年八月九日）のちの一九七五年二月一二日、太平洋軍司令部は統合参謀本部に「北東アジア軍司令部」構想に関する二年にわた

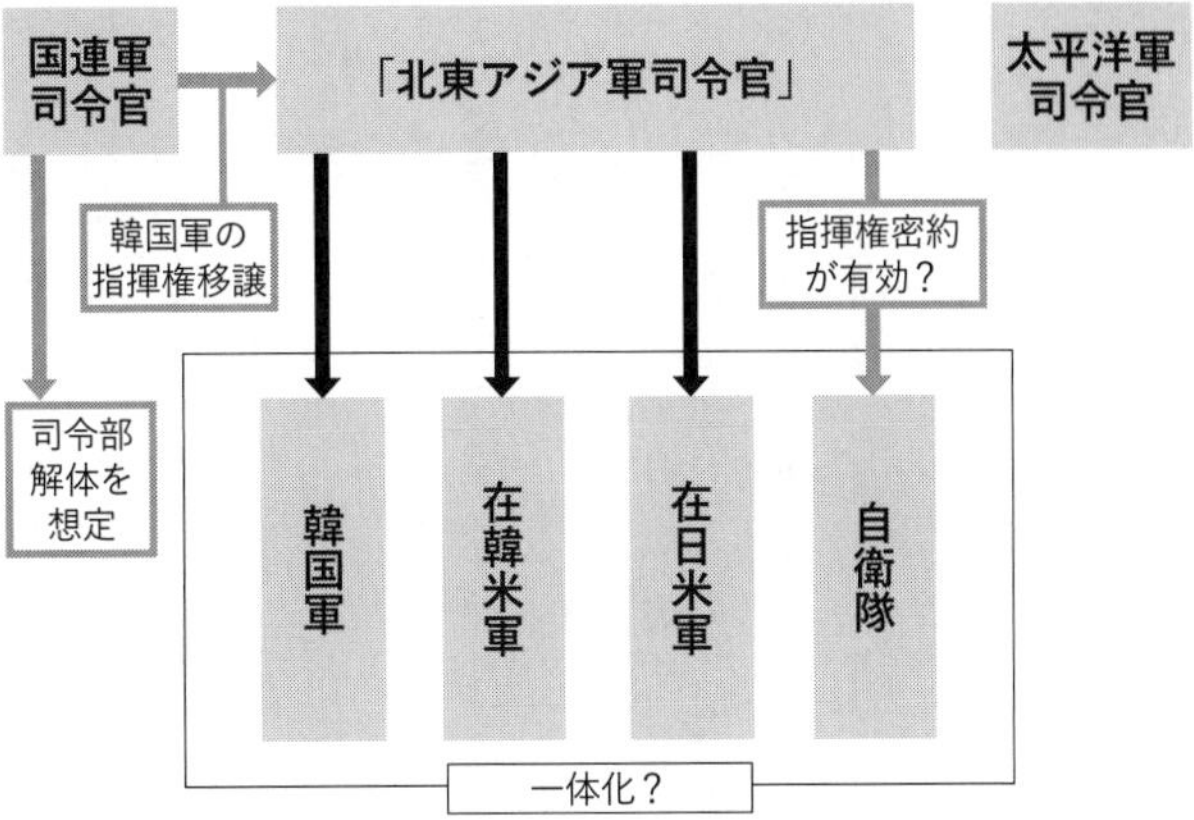

図 4-3
「北東アジア軍司令部」構想
出典：筆者作成。

った検討の結果を提出した。

このなかで太平洋軍司令官ノエル・ゲイラー提督は、防衛に関する日本と韓国の国情がちがいすぎ、「日韓間の敵意」により、「両国がアメリカなしで同盟関係になることもない」と指摘した。ちなみにこれが第1章で見た「極東一九〇五年体制」の維持にあたって、「米日・米韓両同盟」を形成しなければならない理由でもある。そのうえでゲイラーは、「既存の太平洋軍司令部の指揮体系が適切」だと結論づけ、結局同構想は立ち消えとなった（Commander in Chief, U.S. Pacific Command, *CINCPAC Command History*）。

ただ、もしこの時「北東アジア軍司令部」創設が実現していれば、それは事実上の「極東軍司令部の復活」を意味していた。また「北東アジア軍司令官」は、引き続き韓国軍の指揮権を持つことが想定された。日米指揮権密約が有効であるとすると（法的有効性は別として、アメリカは一九七八年ガイドライン策定交渉の時点でも指揮権密約と同じ発想に立っていた）、部隊運用の面で日米同盟と米韓同盟が連結しうる構図がよみがえる可能性があった（図4-3）。

そして「北東アジア軍司令部」構想の検討と同じころ、これとは別の米軍司令部再編構想が提起されていた。それは、日米指揮権密約とも密接につながっていた朝鮮国連軍の、その将来像をめぐる問題に端を発していた。

第1章で見たように、七〇年代に入りアメリカと中国が和解（一九七二年二月、ニクソン大統領訪中）したことから、朝鮮国連軍解体論が浮上することになった。そしてその場合に宙ぶらりんとなる韓国軍の指揮権を、どこに持っていくのかを急ぎ決めなければならなくなっていた（この点は「北東アジア軍司令部」構想ともリンクしており、もし同構想をとる場合にも、前述の通り同司令部の指揮下に韓国軍がくることになる）。

そこで、「北東アジア軍司令部」構想の検討開始とほぼ同時期（約三か月後）の一九七四年三月二九日、ニクソン政権はこれとは別に朝鮮国連軍解体後の韓国軍の指揮権の新たな受け皿として、「米韓連合軍司令部」創設構想を打ち上げた。のちにカーター政権が在韓米地上戦闘部隊の撤退を表明（一九七七年五月二六日）すると、その補償措置という位置づけが与えられる（結局、同部隊の撤退は一九七九年七月二〇日に事実上撤回される）。

「北東アジア軍司令部」構想と米韓連合軍司令部構想は異なる点もあるものの、要するにアメリカは、ベトナム戦争終結、そして米中和解という七〇年代の新情勢に対応した極東における司令部機能再編を構想していたわけであり、両構想はそのバリエーションであった。

一九七八年一一月七日、米韓連合軍司令部が創設された。これにより、韓国軍の指揮権は国連軍司令官から米韓連合軍司令官に移譲され、そのうえで両司令官ポストを同一人物が兼務することとなった（朝鮮国連軍解体論は中国側との調整がつかず、結局は立ち消えとなる）。さらに、米韓連合軍司令官は、在韓米軍司令官のポストを兼ねている。

ここで目を引くのは、日米間でガイドライン策定が議論の俎上《そじょう》にのるのが、このような「北東アジア軍司令部」構想や米韓連合軍司令部構想が動き出していたのと同じタイミングでのことであったという点である。

前述の通り、日米間のガイドライン策定交渉で指揮権調整問題が妥結したのは、一九七七年八月一六日の第五回SDCでのことであった。一方アメリカと韓国のあいだで米韓連合軍司令部創設が合意され、朝鮮国連軍解体論にともなって調整を要していた米韓間の指揮権統一問題が決着したのは、この三週間前の七月二六日に開かれた米韓安全保障協議会議（SC

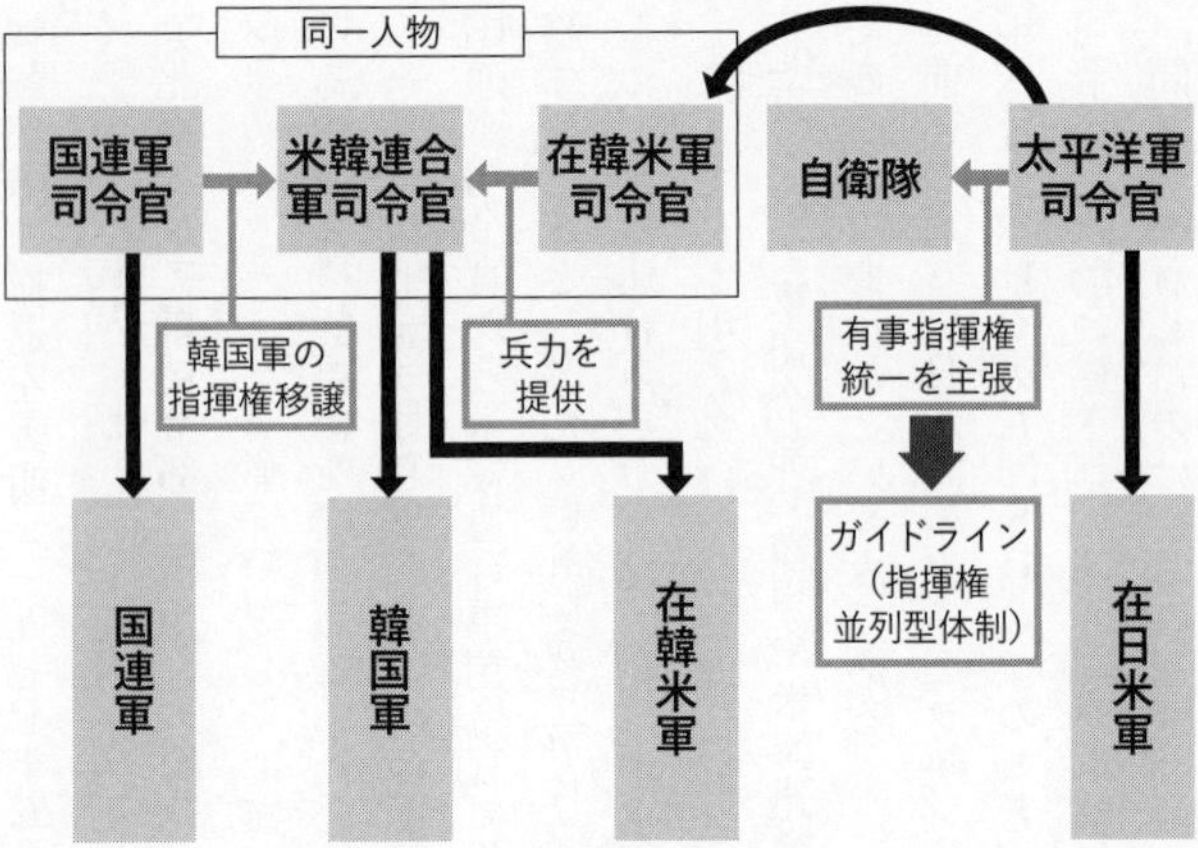

図 4-4

米韓連合軍司令部とガイドライン

出典：筆者作成。

M）の場においてであった。

さらに米韓連合軍司令部が創設され、米韓同盟における指揮権の在り方が確定したのも、日米同盟における指揮権の在り方が決まったガイドライン策定（一九七八年一一月二七日）から数えてやはり三週間前の同月七日のことである（図4-4）。

「北東アジア軍司令部」構想が頓挫したのち、アメリカは韓国とのあいだで米韓連合軍司令部創設に、日本とのあいだでもガイドライン策定にほぼ同時にそれぞれ合意し、有事指揮権統一を通じた「日米同盟軍」と米韓同盟軍の一体化は避けられることになった。一九七八年ガイドライン策定により、有事においても自衛隊は太平洋軍司令官の指揮下には入らないことが確認され、一九五二年の密約以来の指揮権をめぐるグレーの状態も解消された。

ただ、仮に「北東アジア軍司令部」の創設が実現していたり、あるいは米韓同盟における指揮権や司令部機能の在り方がいつまでも定まらなかったりしていたら、日米間の指揮権調整問題を扱うガイドライン策定交渉の帰趨にも少なくない影響を与えていたのではないだろうか。日米同盟における指揮権の在り方は、極東地域全体におけるアメリカ軍の指揮体系が定まるとともに明確化されたといえる。

指揮権問題のその後

冷戦終結後の一九九七年ガイドライン策定交渉では、七〇年代とは異なり、有事指揮権統一は論点とならなかった（筆者による防衛庁関係者へのインタビュー）。その代わり同ガイドラインでは、自衛隊とアメリカ軍が効果的な作戦を共同して実施できるよう、作戦・情報・後方支援について緊密な調整を図る「日米共同調整所」の設置と活用がうたわれた。

その後、二〇〇〇年代にアメリカは、「テロとの戦い」を念頭にグローバルな米軍再編に着手し、日本とのあいだでも二〇〇二年一二月一六日から在日米軍再編のための防衛政策見直し協議（DPRI）がおこなわれた。そこで進められたのは、自衛隊とアメリカ軍の司令部組織間の連携強化であった。

DPRIの成果として二〇〇六年五月一日の2プラス2で、普天間基地移設などを含む「在日米軍再編ロードマップ合意」がまとめられた。ロードマップ合意にもとづいて、ワシントン州フォート・ルイスにあった米陸軍第一軍団前方司令部が、二〇〇七年一二月一九日に陸上自衛隊中央即応集団司令部の所在地であるキャンプ座間に移転した（二〇一八年三月二七日の同集団廃止後は、陸上総隊司令部日米共同部が所在）。また二〇一二年三月二六日には航空自衛隊の航空総隊司令部が、米第五空軍司令部が所在する横田基地に移転することになった。

さらに二〇一五年ガイドラインにおいて、「同盟調整メカニズム」（ACM）の設置が明記された。同機関を通じ、自衛隊とアメリカ軍が平時から情報共有や政策調整を円滑におこなうことが期待されている。

一方、日米両国の制服レベルでは、有事指揮権統一問題は一九七八年ガイドライン策定後もくすぶり続けた。八〇年代半ばに海上幕僚監部防衛部長を務めた佐久間一は当時を回想し、「アメリカから見たら〔中略〕、指揮権はそれぞれ持っているというのは、ある意味では理解できないんです、軍事的合理性からいうと。だから、向こうの人〔アメリカ側の担当者〕が代わったりすると、本音みたいなのがポッと出たんです」と証言する。

さらに、九〇年代半ばに航空幕僚長を務めた村木鴻二《むらきこうじ》は、航空作戦をめぐる指揮権について、自衛隊が防空、アメリカ軍が敵基地攻撃というようにミッション（任務）を分離するのであれば指揮権も切り分けられるとしつつ、次のように指摘する。「空自も作戦目的が敵策源地攻撃みたいな話の中で共同作戦をやるとしたら、難しい。やっぱり〔指揮権は〕ひとつでないとできない」。

これに対し、二〇一一年三月一一日の東日本大震災後の「トモダチ作戦」のために、太平洋艦隊司令官パトリック・ウォルシュ提督の指揮下に米統合任務部隊が編成されたことに、当時の折木良一《おりきりょういち》統合幕僚長（陸上自衛隊出身）や火箱芳文《ひばこよしふみ》陸上幕僚長は複雑な思いを抱いた。折木は、もし自衛隊が米統合任務部隊の指揮下に入るとなれば、日本の主権に関わる問題であり、辞表の提出もありえたと語る。なお、東京電力福島第一原子力発電所事故対処のための「日米合同調整会合」が三月二一日に設置されたことで、事故対処をめぐるそれまでの日米間の様々な混乱がようやく収拾された。

いずれにせよ日米有事指揮権調整問題については、考え方を整理すべき点が残されている。その際考慮しなければならないのは、日米同盟における指揮権の在り方は必ずしも日米二国間防衛の枠内で完結するわけではないということである。

実際にＤＰＲＩでは、またもや「北東アジア軍司令部」構想が浮上していた。ここで提起されたのは、米陸軍第一軍団司令部の単なる日本への移転にとどまらず、同司令部を母体に太平洋軍司令部から独立した地域統合軍司令部を新たに創設し、在日米軍司令部と在韓米軍司令部を吸収するという構想であった。ただ当時の統合参謀本部議長リチャード・マイヤーズ将軍は、七〇年代に問題になったのと同様、日韓関係の難しさを懸念し、結局この構想も頓挫する。

DPRIで提起されたもう一つの案は、七〇年代の米韓連合軍司令部創設とは異なり、韓国よりも日本における司令部機能強化を志向するものであった。そこではドナルド・ラムズフェルド国防長官を中心に、陸軍の四つ星（大将）が司令官である在韓米軍司令部を廃止して、在日米軍司令部内に空軍の三つ星（中将）と陸軍の三つ星（現在の在日米陸軍司令官は二つ星〔少将〕）を同居させ、これを四つ星の太平洋軍司令官（海軍）が統括する体制が検討されていた。

これらの案が採用されていたとすれば、指揮権調整も含む日米防衛協力の在り方にも何らかの影響があったと考えられる。

この点で近年クローズアップされているのが、韓国軍の指揮権返還問題である。既にDPRIに先立つ一九九四年一二月一日に、韓国軍の平時における指揮権は米韓連合軍司令官から韓国側に返還された。有事指揮権についても、返還に向けた検討が進められている。

ただ、韓国軍の有事指揮権返還は米韓の連合軍司令部体制の解体を意味するものではない。二〇一八年一〇月三一日、米韓SCMで韓国軍の有事指揮権返還後の「未来連合軍司令部」創設が合意された。これは従来の米韓連合軍司令部で司令官にアメリカ人、副司令官に韓国人があてられているのを逆転させるものである。これにより、韓国軍の有事指揮権返還とともに、米韓連合軍は韓国人司令官の指揮下に置かれることになる。

こうした極東における米軍司令部再編の先行きには不透明な部分も残されており、その帰趨によっては日米同盟における指揮権の在り方に影響しうるだろう。

＊

ガイドラインでは、有事における日米共同対処という「人と人との協力」で不可欠となる指揮権の調整について定められている。ただ本章で見たように、「統一」であれ、「並列」（を前提にした具体的な協力体制のバリエーション）であれ、指揮権調整は日米二国間防衛の枠内で考えることができる問題というより、極東地域全体におけるアメリカ軍の指揮体系、特に米韓同盟における指揮権や司令部機能の在り方と密接に関係するものであった。

一九七八年ガイドラインに先立つ一九五二年の指揮権密約によって、日米間で有事指揮権統一が約束されていた。それにより、日本の実力組織は日本防衛のためのアメリカ軍とのみならず、同じアメリカ人司令官の指揮下で、米韓同盟軍とも事実上一体化しえた。

指揮権密約の効力はグレーの状態となり、また日米同盟と米韓同盟が指揮権の観点から連結しうる構図も一九五七年の極東軍司令部廃止により失われたものの、七〇年代の「北東アジア軍司令部」構想によりよみがえる可能性があった。同構想が頓挫したのち、アメリカは韓国とのあいだで米韓連合軍司令部創設に、日本とのあいだでも一九七八年ガイドライン策定にそれぞれほぼ同時に合意し、有事指揮権統一を通じた「日米同盟軍」と米韓同盟軍との一体化は避けられることになった。

ただ、「北東アジア軍司令部」創設が実現していたり、米韓同盟における指揮権や司令部機能の在り方がいつまでも定まらなかったりしていた場合、一九七八年ガイドライン策定交渉における日米間の指揮権調整問題にも少なからず影響したであろう。

さらに、二〇〇〇年代のDPRIでも、日本と韓国が連動するかたちでの米軍司令部再編構想が提起された。

日米同盟における指揮権の在り方は、このように米韓同盟の影響と無縁ではない。それにもかかわらず、もし日米二国間防衛の枠内だけで考えることができるとしてしまうと、日米共同対処の仕組みと現実とのギャップが生じないとも限らない。結果的に、外部との線引きの問題にとらわれることになる。

一方、だからといって日米間で有事指揮権をただちに統一し、アメリカ人司令官の指揮権を通じて日米同盟と米韓同盟を連結させることが好ましいというわけではない。日米同盟における「人と人との協力」は「物と人との協力」に比べて限定的であり、在日米軍基地を介するのと同じように指揮権を介して連結しなければ、「極東一九〇五年体制」を支える「米日・米韓両同盟」が成り立たないわけではないからである。

それ以前に、日米間の有事指揮権統一自体が政治的ハードルの高い論点である。まず憲法論からすると、日米間の有事指揮権統一については従来、「現時点において我が国が米軍の指揮下に入って米軍の命令のもとに活動するとなりますと、それこそ集団的自衛権に抵触をして我が国としての憲法を逸脱《いつだつ》する」（二〇〇一年一一月二九日、中谷元《なかたにげん》防衛庁長官答弁）との政府見解が示されてきた。集団的自衛権行使の限定容認が視野に入った時期からは、集団的自衛権は「国際法上の問題」であるのに対し、指揮権調整は「政治上、運用上の問題」であり、「これらは次元の異なる問題」であるとされ、集団的自衛権行使の場合も、「我が国が主体的に判断し、行動すべきである」との見解が示されている（二〇一四年六月六日、小野寺《おのでら》五《いつ》典《のり》防衛相答弁）。

また、日本の主権や、文民統制との関係をどう整理するのかという重大な論点がある。なおこの点について、米韓同盟の場合は、米韓連合軍司令官に対しては米韓大統領による「国家統帥・軍事指揮機構」(NCMA)、米韓国防長官によるSCM、米韓統合(合同)参謀本部議長による「軍事委員会」(MCM)が統制をおこなう。またNATOでも、加盟国の首脳・閣僚および文民の大使から構成される北大西洋理事会(NAC)が最高意思決定機関として機能し、軍がこの政治的権威に服することで、同盟国間での指揮権統一と、主権および文民統制との関係整理がなされている。

結局、同盟における指揮権の在り方には、日米指揮権密約でイメージされる「属国」感の残るような「統一」や、指揮権の独立自体を目的とする「並列」以外にも、様々なバリエーションがありうるだろう。たとえば、米韓同盟との関係を視野に入れたうえでの、指揮権並列型体制を前提とした日米間の調整メカニズムや司令部組織間連携のさらなる強化などが想定される。

日米同盟は、在日米軍基地の存在を中核とする、日本によるアメリカ軍への基地提供義務とアメリカによる日本防衛義務の交換によって成り立つ「二国間基地同盟」である。同時に、このような「物と人との協力」の次元において、「米日・米韓両同盟」の一機能でもある。さらに、「人と人との協力」の次元においても、米韓同盟の影響を受ける。ガイドラインが定めるような共同対処や指揮権調整という観点からも、日米同盟がアメリカの他の同盟網から独立して存在しているわけではなく、極東地域に「開かれた同盟」であることが確認できるといえるだろう。

第5章　ＮＳＣ——「司令塔」の奇妙な制度設計

1　内閣安全保障機構と文民統制

安全保障政策の「司令塔」

ここまで、日本の安全保障の基軸である日米同盟の姿や、憲法第九条をめぐる解釈、それらにもとづく日本の防衛力や日米防衛協力の在り方について見てきた。

そしてこれらを踏まえ、政治のリーダーシップの下、安全保障に関する内閣の補助機関として様々な課題に対応していくための組織が、第二次安倍晋三政権期の二〇一三年一二月四日に創設された「ＮＳＣ」（国家安全保障会議）である。ここが、日本の安全保障政策のいわば「司令塔」である。

内閣の持つ重要な機能は、行政の一体性や統合性を確保するため、分立する省庁を統轄することである。このうち、安全保障に関する内閣の統合調整機能を助けるNSC、およびそれ以前から設置されていたNSCの前身となる組織などを総称して、本書では「内閣安全保障機構」と呼ぶ。NSCは戦後の内閣安全保障機構が発展してきたなかでの、現時点での到達点といえる。なお本章では、実態のうえで安全保障と密接に関連する内閣の危機管理部門についても、便宜上、内閣安全保障機構に含める。

ところで日本のNSCは、制度設計としてはきわめて複雑なものとなっている。

たとえばアメリカのNSCが、NSCを構成するいくつかの会合ごとに階層化された構造を持つのに対し、日本のNSCは、それぞれ審議事項が異なる、並立した三つの会合から成り立っている。特に日本のNSCを構成する「四大臣会合」と「九大臣会合」の関係は奇妙で、少人数の四大臣会合の方が、大人数の九大臣会合よりも審議事項が広い。そして四大臣会合の審議事項は、後述のように九大臣会合の審議事項にぶち抜かれた、まるで「ドーナツ」のようなかたちで表されるものになっている。

また安全保障と危機管理の関係についても、米NSCが危機管理を所掌《しょしょう》するのに対し、日本の場合はNSCと内閣危機管理部門は別建ての組織である。そのうえで、両者を運用によって連携させる、という制度設計となっている。

このように制度設計が複雑化するのは、一九五六年七月二日の「国防会議」創設以来、現在のNSCまで、日本の内閣安全保障機構が、その設置趣旨を「文民統制確保のための慎重審議」としていることに見出せる。NSC創設に見られるように、内閣安全保障機構に戦略策定や事態対処などのプロアクティブ（能動的）な新機能を追加しようとすると、もともと存在する慎重審議機能とは性格の異なる設置趣旨を同時に追求することになる。そのため、既存の組織とは別建ての組織をつくったり、同一組織とする場合でもそのなかで機能を分けたりする必要が出てくるのである。

ところが、内閣安全保障機構の設置趣旨を文民統制確保のための慎重審議に置く、とする発想は、もともとそれ自体が目的なのではなかった。これは、軽武装・経済優先という「吉田路線」を守り、自主防衛をもくろむ復古主義的な旧軍人の政治的影響力を排除するという、五〇年代特有の事情を背景としたものだった。つまり、旧軍人の影響力排除のために内閣安全保障機構に慎重審議機能を持たせるという、間に合わせの経緯があったのだが、そのことが次第に忘れられ、その後の同機構の制度設計に影響を与えることになった。一度つくった仕組みにしばられる、内部でのしばりの問題である。

本章では、これまで十分に研究されてこなかった、文民統制確保のための慎重審議という観点に立った内閣安全保障機構史を描き、今日のNSCの制度設計に与える影響について見ていくことにする。

内閣安全保障機構

日本政府の意思決定は、総理大臣ではなく、閣議がおこなう。またそこでの意思決定は、憲法第六六条第三項が、内閣は行政権の行使について国会に対し「連帯して」責任を負うと規定していることから、全会一致が原則となる。逆にいうと、大臣が一人でも反対した案件は閣議決定できないという、各省庁の割拠《かっきょ》的な建てつけとなっている。これは「分担管理原則」といわれ、行政権は内閣に属するものの、具体的な行政事務は各省庁が分担して管理するのが日本の統治システムの基本となっている。明治憲法体制以来のレガシー（遺産）である。

一方、行政の一体性や統合性を確保するため、内閣が分立する省庁を統轄する。これにより、分担管理原則のリスクでもあるいわゆる「行政の縦割り」の弊害を克服することが企図されている。内閣安全保障機構は、このうち安全保障に関する統合調整機能を助けるものである。具体的には、図5-1にあるようなNSCとその前身、並びに関連する諸組織（政治的合議体や行政スタッフ組織）である。

NSC誕生前の内閣安全保障機構は、鳩山一郎政権期の一九五六年七月に創設された国防

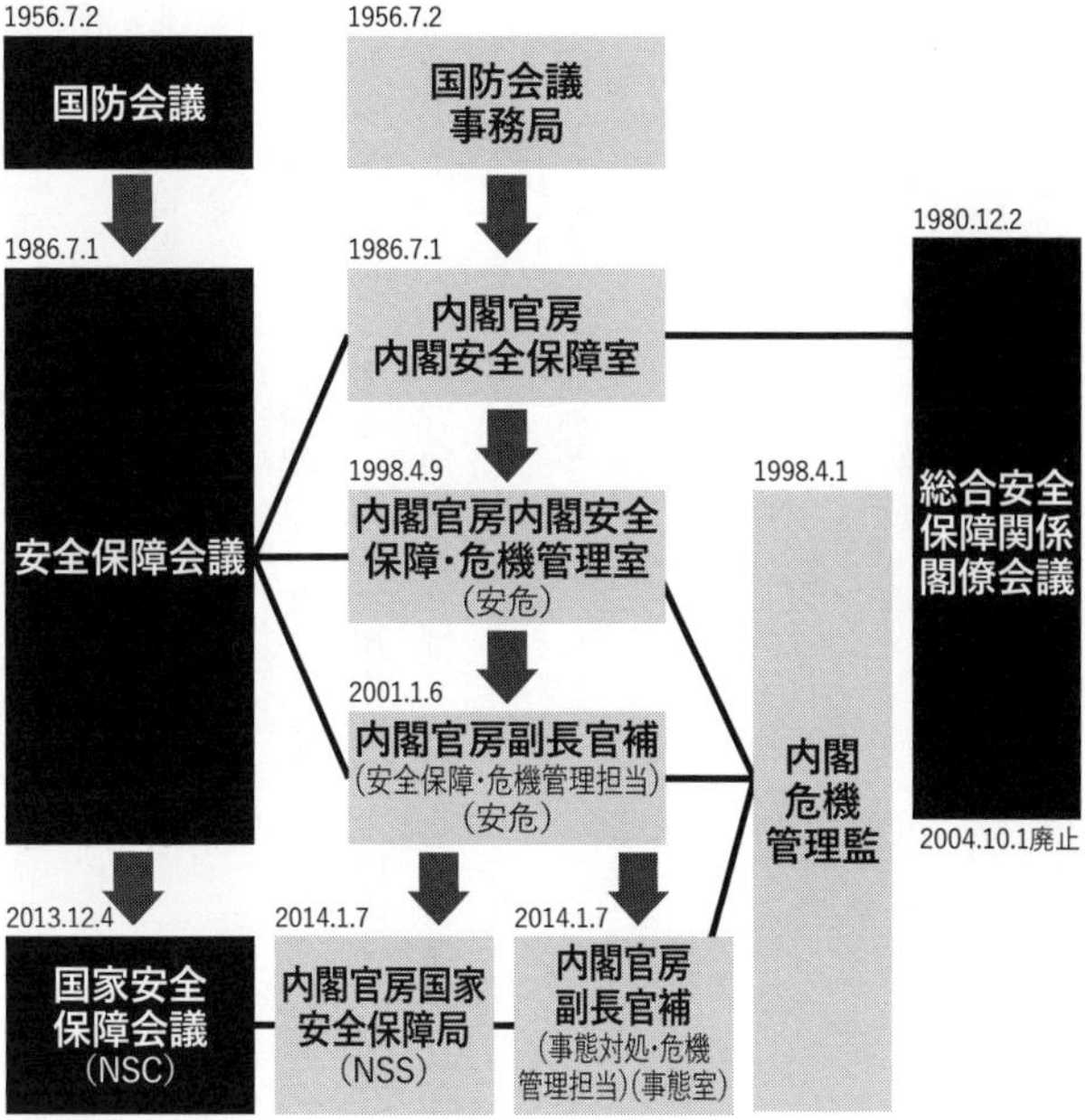

図 5-1

内閣安全保障機構の変遷

出典：筆者作成。

会議および「国防会議事務局」、その後身として中曽根康弘政権期の一九八六年七月一日に設置された「安全保障会議」および「内閣官房内閣安全保障室」、あるいはこれに先立ち鈴《すず》木善幸《ぜんこう》政権期の一九八〇年一二月二日に設置された「総合安全保障関係閣僚会議」を指していた。

また橋本龍太郎政権期の一九九八年四月一日に設置された「内閣危機管理監」や、内閣安全保障室を前身とする「内閣官房内閣安全保障・危機管理室」(同月九日設置)と、同室の職責を継承した「内閣官房副長官補(安全保障・危機管理担当)」(森喜朗《もりよしろう》政権期の二〇〇一年一月六日設置)およびそのスタッフ集団も含まれる。なお同室や同副長官補およびそのスタッフ集団は「安危《あんき》」と通称された。

文民統制

そして国防会議以来、NSCにいたるまで、内閣安全保障機構の設置趣旨は、文民統制確保のための慎重審議ということで一貫している。

「文民統制」(シビリアン・コントロール)とは、「民主主義国家における軍事に対する政治の優先、又は軍事力に対する民主主義的な政治による統制」を指す(『防衛白書』)。

日本の場合、憲法第六六条第二項が、総理およびその他の閣僚は「文民〔軍人以外の者〕

でなければならない」と規定している。また自衛隊法により、総理が自衛隊の「最高の指揮監督権」を有すること、防衛相が自衛隊の「隊務を統括」すること、さらに、国民を代表する国会が、自衛官の定数や防衛省・自衛隊の主要組織の在り方を法律や予算によって議決し、また防衛出動等の承認をおこなうことなどにより、文民統制が担保されている。ただし、日本における文民統制を、防衛省（庁）内局による「文官優位システム」ととらえる見解もある。

ここで留意すべきは、文民統制には二つの側面が存在するということである。防衛政策史研究者の佐道明広《さどうあきひろ》の分類によれば、一方は「ポジティブ・コントロール」（積極的な文民統制）であり、一言でいうと、文民政治指導者が軍隊のような実力組織に対し「何々せよ」と命じるものである。つまり実力組織を、問題解決・政策実現のツールとしてどう活用していくかを考える側面である。

これに対し他方の「ネガティブ・コントロール」（消極的な文民統制）は、「何々するな」と命じる。使わないことを前提に、実力組織を監視し、管理していくことに力点を置く発想である。

ところが戦後の日本では文民統制について、この二つの側面のうちネガティブ・コントロールのみを意味するものと誤解されるか、あるいは後者の方が強調されるようになってしまった。そもそも文民統制は、戦前・戦中の日本ではほとんどなじみがなく、戦後の新憲法制定の際にアメリカ側から急遽《きゅうきょ》取り入れられることになった概念である。そしてこのような日本独特の文民統制理解が、本章で以下見るようにNSCの奇妙な制度設計と密接に関連してくるのである。そうすると、ネガティブ・コントロール自体が問題であるともいえるが、その点については既に研究の蓄積もあり、ここではNSCを主題に議論を進めていく。

NSCの誕生

さて、NSC誕生前の内閣安全保障機構については、まず安全保障会議の形骸《けいがい》化が指摘されるようになっていた。また、同会議のような閣僚級の政治的合議体を補佐する行政スタッフ組織の格づけや対外調整機能、マンパワーも不十分だと考えられた。中国の台頭など、日本を取り巻く国際安全保障環境が厳しさを増すなかで、安全保障に関する内閣の統合調整機能の強化が求められるようになった。

そこで、従来の体制を刷新することになったのが、NSCの創設である。これはアメリカのNSC（National Security Council）にならい、「日本版NSC」とも呼ばれた。

日本版NSC構想は、安倍総理が第一次政権期の二〇〇六年九月二九日の所信表明演説で提唱した。安倍がNSCに関心を寄せる契機となったのは、官房長官時代の二〇〇六年七月五日の北朝鮮による弾道ミサイル発射であった。この時安倍は、連絡をとりあったアメリカのスティーヴン・ハドリー国家安全保障問題担当大統領補佐官（NSCのとりまとめ役）が強い権限を持つことに感銘を受けた。そして「米国と歩調を合わせ、NSCのような組織を首相官邸に作り、大統領補佐官のカウンターパートを置く必要があると痛感」した（『読売新聞』）。同構想は二〇〇七年九月の第一次安倍政権の終焉とともにいったん頓挫し、その後民主党政権下でも検討がおこなわれた。

民主党政権が結論をとりまとめるより先に、二〇一二年一二月に自民党が政権に復帰すると、総理に再登板した安倍は日本版NSC創設に再び取り組む。そして安倍を議長とする二〇一三年五月二八日までの「国家安全保障会議の創設に関する有識者会議」（NSC創設有識者会議）での議論を踏まえ、同年一二月、NSC設置が実現した。

アメリカの本家NSCは、「軍と関係省庁が国家安全保障を含む問題について一層協調する」ため、「国家安全保障に関連する国内・対外・軍事政策の統合について大統領に助言する」機関である。法律上は大統領の諮問機関にすぎないが、行政権が帰属する大統領自身が主宰するため、事実上の決定機関といえる。

米NSC本会合は、大統領、副大統領、国務長官、国防長官、エネルギー長官により構成される。そして、国家安全保障問題担当大統領補佐官がかなめとなり、政権によっては数百

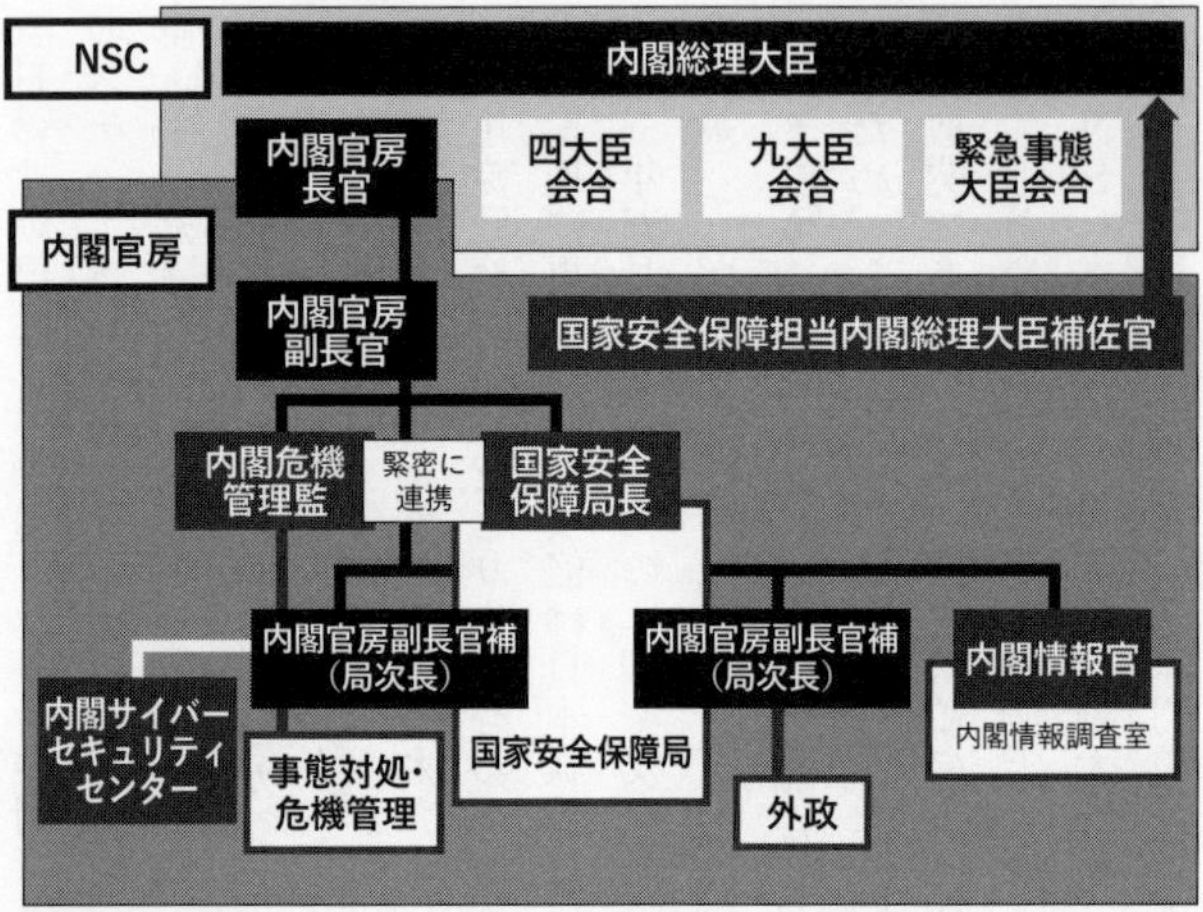

図 5-2

NSC の制度設計

出典：『防衛白書』2014 年度版〈http://www.clearing.mod.go.jp/hakusho_data/2014/html/n2212000.html#zuhyo02020101〉をもとに一部改編。

名にもなる人員を擁するＮＳＣ事務局によって支えられる。そこではアメリカの「国家安全保障戦略」の策定や、危機管理などに関する決定がなされている。

これに対し日本のＮＳＣは、総理を中心とする関係閣僚が「国家安全保障に関する重要事項を審議する機関」である。そして内閣主導の下、外務省・防衛省など複数の省庁の所管にまたがるような幅広い安全保障問題に関する中長期的視野に立った戦略を策定することや、緊急事態に対処するための機能を持つ。

ＮＳＣは、総理を議長とする四大臣会合、九大臣会合、さらに「緊急事態大臣会合」という三種類の閣僚級会合から構成されている（図5-2）。

また二〇一四年一月七日には、前述の安危を母体として、ＮＳＣの事務局である「内閣官房国家安全保障局」（ＮＳＳ: National Security Secretariat）も発足した。これにともない、内閣官房副長官補（安全保障・危機管理担当）の職責は「内閣官房副長官補（事態対処・危機管理担当）」に継承された。事態対処のオペレーションを除く安全保障全般については、ＮＳＳに引き継がれたわけである。加えて国家安全保障に関する重要政策の担当者としてＮＳＣに出席する「国家安全保障担当総理補佐官」も常設化された。ただしＮＳＣの補佐は、国家安全保障担当総理補佐官よりもＮＳＳのトップである「国家安全保障局長」が主軸である（筆者によるＮＳＳ関係者へのインタビュー）。

ＮＳＣはその前身である安全保障会議を単に強化したもの、ととらえられがちである。つまり、旧安全保障会議がもともと持っていた戦略策定・事態対処といったプロアクティブな機能が、ＮＳＣへの改編によってさらに強化された、という理解である。だが、実は旧安全保障会議の役割とは、制度上は「国防」と「重大緊急事態」（後述。平和安全法制における「重要影響事態」とは別）に関する文民統制確保のための慎重審議をおこなうことにすぎなかった。ＮＳＣは審議事項を「国家安全保障」に広げつつ、このような内閣安全保障機構の伝統的な設置趣旨に、プロアクティブな戦略策定・事態対処機能を新たに追加したもの、と見るのが正確である。

また日本版NSCは、「NSC」とは称しながらも、アメリカの本家NSCとは性格の異なる組織である。前述の通り決定機関である米NSCに対して、日本のNSCは審議機関である。そもそも日本の統治システムの基本原則は分担管理である。したがって行政府としての意思決定を、閣議以外の場や、閣議の構成員の一部（いわゆるインナー・キャビネット）のみでおこなうことは、アメリカや、同じ議院内閣制のイギリスともちがって、許されていない。

その意味で、日本版「NSC」という表現は、インパクトはあったものの、実は若干ミスリーディングでもあった。日本における「NSC」とは、行政府の長と一部の関係閣僚だけで決定が下せるアメリカ型のシステムを移植したものではなく（憲法上不可能）、あくまで国家安全保障に関する内閣機能強化を象徴する概念として理解した方がよい。

「ドーナツ」

前述の通り、NSCは三種類の閣僚級会合から構成されている。

第一に、四大臣会合である。四大臣とは、総理、外相、防衛相、内閣官房長官を指す。四大臣会合は基本的に「国家安全保障に関する外交政策及び防衛政策の基本方針並びにこれらの政策に関する重要事項」を審議する。

第二に、九大臣会合である。九大臣会合は、総理、外相、防衛相、内閣官房長官、すなわち先の四大臣会合のメンバーに、総務相、財務相、経済産業相、国土交通相、国家公安委員長を加えた議員から構成される。そして以下の事項に関する審議をおこなう。

①国家安全保障戦略（かつての「国防の基本方針」）
②防衛大綱
③産業等調整大綱
④武力攻撃事態等・存立危機事態への対処に関する基本方針
⑤武力攻撃事態等・存立危機事態への対処に関する重要事項
⑥重要影響事態への対処に関する重要事項
⑦国際平和共同対処事態への対処に関する重要事項
⑧国際平和協力業務の実施等に関する重要事項
⑨自衛隊の行動に関する重要事項
⑩国防に関する重要事項
⑪その他国家安全保障に関する重要事項

第三に、緊急事態大臣会合であり、「重大緊急事態への対処に関する重要事項」を審議する。ここでの重大緊急事態の具体例としては、領海侵入・不法上陸、放射性物質テロ、大量避難民流入などが想定されている。実際に初めて緊急事態大臣会合が開催されたのは、二〇二〇年からの新型コロナウイルス危機をめぐってであった。緊急事態大臣会合については、四大臣会合や九大臣会合とは異なり、総理、内閣官房長官以外のメンバーは決まっておらず、「事態の種類に応じてあらかじめ総理により指定された国務大臣」により構成される。

ところで、一般的に組織というものは階層的に構成される。たとえば米NSCは、大統領が議長となる本会合以下、「長官級委員会」、「副長官級委員会」、次官補級の「省庁間政策委員会」から構成される。そして政策課題は基本的には下位の会合で日常的に処理され、そこで処理できなかった問題がより上位の会合に順次委ねられて、最終的には本会合で結論が出されるという建てつけになっている。

ところが日本のNSCはこれとはまったく異なり、それぞれ審議事項が異なる三つの閣僚級会合が並立している。緊急事態大臣会合は別としても、まずは九人の会合が課題を処理し、九人の会合で処理できなかった問題を上位の四人の会合に上げる、といった建てつけにはなっていない。

それでは、四大臣会合と九大臣会合という並立する二つの会合は、どのような関係にあるのだろうか。これが実に奇妙な関係なのである。

四大臣会合と九大臣会合とではどちらの方が審議事項が広いかというと、直感的にはより多くの大臣が参加する九大臣会合の方だと思われるかもしれない。ところがまったく逆であり、審議事項が広いのは四大臣会合の方なのだ。それはNSC設置の大きなねらいが、少数の関係閣僚による機動的・実質的審議をおこなうことにあるからである。国家安全保障に関する幅広いテーマを、メンバーを四大臣だけに絞り込んで審議するのである。

一方の九大臣会合は、四大臣会合が所掌する幅広い審議事項のなかで、国家安全保障戦略や防衛大綱など先の一一項目について審議する。審議するというより、九大臣が集まって審議「しなければならない」のだ。

ここまでの説明がチンプンカンプンだと思われた読者は、ドーナツのかたちをイメージしていただきたい（図5-3）。

NSC（四大臣会合）のかたちは、ドーナツ型である。四大臣会合は国家安全保障に関する幅広いテーマを審議する。そしてこのうち防衛大綱など先の一一項目は、九大臣会合に必ず諮《はか》らなければならない「必要的諮問事項」としてぶち抜かれている（NSC設置法第二条）。つまりドーナツの食べられる部分が、四大臣会合の審議事項（必要的諮問事項ではなく任意的

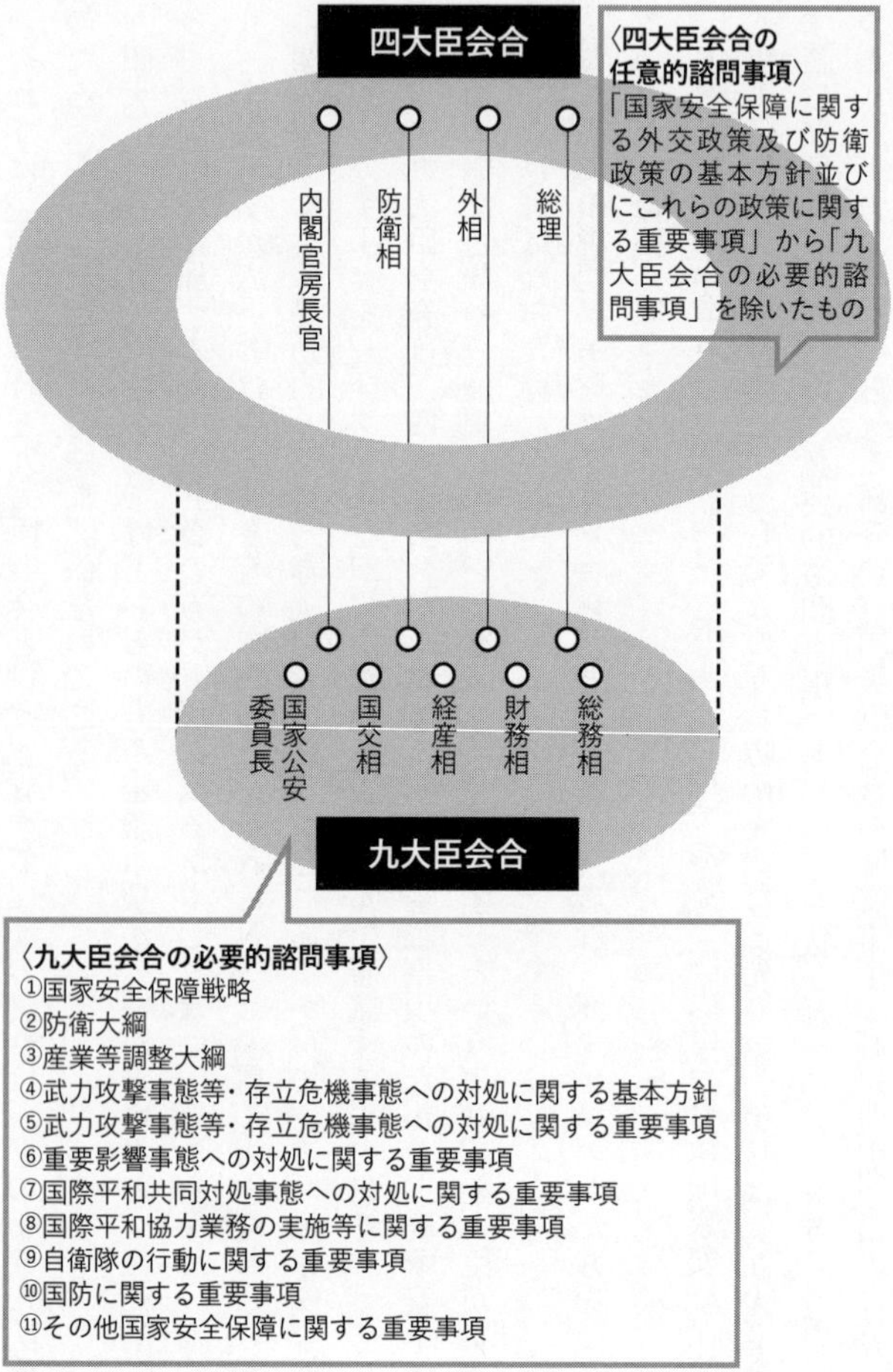
四大臣会合
〈四大臣会合の
任意的諮問事項〉
「国家安全保障に関する外交政策及び防衛政策の基本方針並びにこれらの政策に関する重要事項」から「九大臣会合の必要的諮問事項」を除いたもの
内閣官房長官
防衛相
外相
総理
国家公安委員長
国交相
経産相
財務相
総務相
九大臣会合
〈九大臣会合の必要的諮問事項〉
①国家安全保障戦略
②防衛大綱
③産業等調整大綱
④武力攻撃事態等・存立危機事態への対処に関する基本方針
⑤武力攻撃事態等・存立危機事態への対処に関する重要事項
⑥重要影響事態への対処に関する重要事項
⑦国際平和共同対処事態への対処に関する重要事項
⑧国際平和協力業務の実施等に関する重要事項
⑨自衛隊の行動に関する重要事項
⑩国防に関する重要事項
⑪その他国家安全保障に関する重要事項

図 5-3

四大臣会合と九大臣会合

出典：筆者作成。

諮問事項）であり、真ん中の穴の空いた部分が、九大臣会合の必要的諮問事項ということになる。

九大臣会合は旧安全保障会議

なぜNSCはこのような摩訶《まか》不思議な組織形態をとっているのか。この疑問のなかに、日本の内閣安全保障機構の特徴を理解するヒントが隠されている。

いわゆるNSCと呼ばれる組織は、一般的に戦略策定や事態対処のための機関であることを期待されている。このことは米NSCでも同様である。

一方、日本の内閣安全保障機構は、国防会議以来、文民統制確保のための慎重審議を設置趣旨としている。

ところが前述の通り、日本では文民統制のうち、ネガティブ・コントロールの側面だけが強調される傾向にある。したがって内閣安全保障機構の設置趣旨も、単なる文民統制確立ではなく、文民統制確保のための「慎重審議」となっている。安全保障研究者で、NSC創設有識者会議の議員を務めた金子将史《かねこまさふみ》は、「閣議の一歩前でチェック」する機能であると指摘する。

つまり国家安全保障戦略や防衛大綱の策定、武力攻撃事態への対処などは、国家としての重大決定であるから、いきなり閣議決定をおこなうのではなく、閣議に先立ってあらかじめ関係閣僚で審議するのを義務づけることによって、決定に慎重を期《き》す、というのが、文民統制のための慎重審議の意味である。ここで強調されているのは、ポジティブ・コントロールではなく、ネガティブ・コントロールとしての文民統制である。

このため国防会議では、防衛大綱の策定などの項目を、同会議の構成員である総理、外相、蔵相、防衛庁長官、経済企画庁長官の五大臣がそろった場で必ず諮らなければならないことが、法律上定められていた。

国防会議が安全保障会議へ改組され、またその後同会議が改編されるに従い、メンバーが五大臣から、これに内閣官房長官、国家公安委員長、総務相、経産相、国交相を加えた（経企庁長官の承継ポストである経済財政担当相は除外）九大臣にまで拡大された。安全保障会議時代もやはり、必ずこれらのメンバーが集まって必要的諮問事項を審議した。

ここで気づいていただきたい。この安全保障会議のメンバーは、NSC九大臣会合のメンバーとまったく同一である。また、安全保障会議設置法が規定していた同会議の必要的諮問事項も、NSC設置法が規定するNSC九大臣会合のそれとほぼ同じものである。「NSCの九大臣会合」といえば目新しく感じるが、実はこれは従来の安全保障会議そのものなのだ。つまり新たに創設したNSCのなかに、従来の安全保障会議が残されているわけである。なぜ安全保障会議を残すのか。文民統制確保のための慎重審議機能を維持するためである。

ここでくだんのドーナツが登場する。四大臣会合は、戦略策定や事態対処など、安全保障政策をプロアクティブに推進していく機関である。ここでいわば、ポジティブ・コントロールとしての文民統制がおこなわれている。しかしこれとは別に、ネガティブ・コントロール機能も維持しなければならない。したがって四大臣会合のほかに、九大臣会合も置かれなければならない。四大臣会合のポジティブ・コントロール機能を、九大臣会合のネガティブ・コントロール機能でぶち抜かなければならない。これがドーナツの穴の正体である。

そんなややこしいことをしなくとも、四大臣会合にネガティブ・コントロール機能も付与すればすむではないかとお感じになる読者もおられよう。しかしそれは許されない。なぜなら、それは「九」大臣で構成するとされてきた「監視主体」の縮小を意味し、ネガティブ・コントロール機能を低下させるととらえられかねないからである（筆者による安危関係者へのインタビュー）。「危険な」自衛隊を九大臣で監視しますと、いったん宣言した以上、そこからメンバーを減らせないのだ。

安全保障と危機管理

ＮＳＣの制度設計をさらに複雑化させているのは、安全保障と危機管理の関係である。

両者の関係は、本来は密接なはずである。たとえば民間のシンクタンクであるキャノングローバル戦略研究所の二〇一二年の報告書は、「第一報だけでは我が国に対する武力攻撃なのか、単なる事故なのかが判別できない場合」や、「不審船事案など事態の推移により『危機管理』問題が『防衛』問題に発展する場合」などを挙げ、「『安全保障』と『危機管理』が明確に区分できない事態は十分起こり得る」と指摘する。米NSCでも、副長官級委員会が危機管理を所掌する。

これに対し日本では、NSCは危機管理全般は所掌しない。「危機管理」(国民の生命・身体・財産に重大な被害が生じるか、生じるおそれがある緊急事態への対処と、そのような事態の発生の防止)は、NSCが所掌する重大緊急事態対処よりも広い概念であり、ここからはみ出す部分が生じる。

はみ出す部分、つまり危機管理の対象ではあるが重大緊急事態には該当しないものの代表的な例として、自然災害がある。二〇一一年三月の東日本大震災で当時の安全保障会議が開催されなかったのはこのためである(自然災害を所掌するのは「中央防災会議」。総理以下の全閣僚、指定公共機関の代表者、学識経験者により構成され、防災に関する重要事項の審議などをおこなう)。

そして、内閣安全保障部門(NSC・NSS)と、内閣危機管理監や、内閣官房副長官補

（事態対処・危機管理担当）およびそのスタッフ集団である通称「事態室」から成る内閣危機管理部門は、それぞれ別建ての組織となっている。内閣法の規定により、内閣危機管理監の所掌から、国防に関するものは除かれる。一方NSSの所掌からも、危機管理に関するものは除かれる。同じ内閣官房のなかで、安全保障部門と危機管理部門がお互いに相手の所掌を除き合っている。

NSCにおける安全保障と危機管理のデマケーション（業務の切り分け）については、NSC創設有識者会議でも論点となった。結局同会議が文書としてとりまとめた「指摘」は、「司令塔たる『国家安全保障会議』があまり細かいところ（危機管理の具体的なオペレーション）にまで関与すると、屋上屋《おくじょうおく》を重ねることになってしまう」として、NSCは直接危機管理を所掌しないものとすると結論づけた。

ただし、運用やポストの兼任などにより、両部門の連携が図られている。内閣危機管理監は、NSCに「関係者」として出席する場合がある。また国家安全保障局長と内閣危機管理監は、平素から緊密に連携するものとされる。さらに、内閣官房副長官補（事態対処・危機管理担当）は同時にNSS次長を兼務する（内閣官房内閣サイバーセキュリティセンター長も兼ねる）。

つまり内閣安全保障機構においては、安全保障部門と危機管理部門が分かれているが、それらを運用によって連携させる、という制度設計がなされている。

このことも、文民統制のための慎重審議という設置趣旨と無関係ではない。というのも、もともと内閣危機管理監や、事態室の前身である安危の設置は、慎重審議という内閣安全保障機構の設置趣旨には触れずに、ここに危機管理機能を追加したものであった。

このように文民統制のための慎重審議機能は、NSCにおける閣僚級会合の在り方や、安全保障と危機管理の関係に影響する。この点についてNSC創設有識者会議では、同会議の議事録によれば国防会議以来の安全保障会議の「文民統制」という性格を「『国家安全保障会議』の創設に当たってどうしていくのか」という根本的な問いが投げかけられた。しかし、結局NSCの制度設計は従来の考え方を踏襲するものとなった。

それでは内閣安全保障機構の設置趣旨を文民統制確保のための慎重審議に置く、とする発想は、一体どこから出てきたのか。驚くべきことに、現在の内閣安全保障機構の源流である国防会議ができたそもそもの経緯は、文民統制のためでも何でもなかったのである。次節以下では、この点およびその後の展開をひもといてみよう。

2　旧軍人の影響力排除

自主防衛のもくろみ

戦後日本における内閣安全保障機構の起源は、サンフランシスコ講和条約発効の翌一九五三年一〇月九日、当時、吉田茂自由党政権と対峙していた野党改進党が、防衛の基本法案を独自にとりまとめ、そのなかで「自衛軍」は「国防会議の補佐により内閣総理大臣これを統率する」としたことであった。自衛隊の創設（翌一九五四年七月）は、本書第2章で見た同年九月の吉田＝重光会談で合意されていた。

改進党が国防会議創設を提唱した背景には、吉田路線への反発があった。吉田総理は再軍備を進めるにあたり、戦前の旧帝国陸海軍と決別した、文民統制の原則にもとづく新しい防衛組織の創設を志向し、ここに関わろうとする復古主義的な旧軍人グループを意図的に排除していた。防衛庁の前身である保安庁の内局に、旧内務官僚の一群を配したのもそのためであった。防衛力整備についても、憲法の範囲内で漸進的におこなおうとしていた。

これに対し、憲法改正と本格的再軍備を通じた自主防衛をめざす改進党は、再軍備プロセスに旧軍人を参画させる機会をうかがっていた。そして旧軍人の政治的発言権を確保し、かつ旧内務官僚たちが牛耳《ぎゅうじ》る保安庁内局の手の届かない足場として考えついたのが、彼らが「国防会議」と名づけた新組織の創設であった。

改進党案は、「国防会議の構成員はその三分の二以上は文民でなければならない」としていた。これは文民が同会議を主導する、ということを意味しているのではない。この文言の真意は、逆に定数の三分の一以下であれば、旧軍人を議員とすることができるというところにあった。具体的には、今村均《いまむらひとし》元陸軍大将（元第八方面軍司令官）や下村定《しもむらさだむ》元陸軍大将（元陸相）、野村吉三郎《のむらきちさぶろう》元海軍大将（元駐米大使）らの名前が挙がっていた。

吉田＝重光会談後、自由党と改進党に、自由党から離党した鳩山一郎率いる分自党を加えた三党は、一二月一六日に国防会議創設について合意にいたる。

吉田路線対反吉田路線

こうして国防会議の創設自体は与野党間で合意されたものの、改進党の真意が吉田路線への反発にある以上、議論が同会議の制度設計へと進むと、改進党と、自由党・保安庁内局とのあいだの溝は埋めがたかった。

両者のあいだの具体的な対立点となったのは、「民間人議員の可否」と「事務局の設置先」についてであった。

改進党は、国防会議の議員に「民間人枠」を設け、この民間人枠を利用して、旧軍人を国防会議に正式な議員として送り込もうとしていた。また国防会議の事務局を、翌年発足する防衛庁の外部に設置することをあらかじめ求めた。

これに対し自由党と保安庁内局は、改進党の構想は戦前の軍事参議院（重要軍務に関する天皇の諮詢《しじゅん》に応じていた機関）の復活を意味するものであり、文民統制そのものに対する重大な脅威になりうると危惧した。与党側は、諸外国にも民間人が議員となっているようなNSC的組織は例がなく、責任内閣制の原則に抵触（国会に対する責任があいまいになる）し、秘密漏洩《ろうえい》のおそれもあるなどとして、国防会議の議員から民間人は除外すること、そして事務局は防衛庁内に設置することを主張した。

一二月二五日に内局から、同月三〇日には衆議院法制局から国防会議の制度設計案が三党に示されると、改進党は翌一九五四年一月一八日に修正案を提示した。改進党の修正案では、衆議院法制局案（民間人枠を含んだもの）にあった「内閣が両議院の同意を得て任命する文民たる学識経験者〇人」の会議参加という規定が、「内閣が両議院の同意を得て任命する学識経験者〇人。但《ただ》し、その三分の二以上は文民でなければならない」との表現に修正されていた。これは前述の通り、旧軍人を加えるための抜け道である。また、依然として事務局を防衛庁外に設置するとしていた。

当時保安庁法規課長として国防会議創設に携わった麻生茂《あそうしげる》によれば、改進党の構想には「非常に軍隊的な色彩というものをはっきり出した方がよい」という考え方が根底に流れていた（『海原治《かいはらおさむ》関係文書』）。

同年五月二八日、自由・改進・分自三党は、「内閣が両議院の同意を得て任命する識見の高い練達《れんたつ》の者若干名」の参加を認めることと、事務局を防衛庁ではなく内閣に設置することで合意した。これだと一見、改進党の言い分が通ったようにも映る。しかし自由党は、ここでいう「識見の高い練達の者」とは「内閣総理大臣の前歴をもっているもの」を指すと言い出した。改進党の芦田均（第2章でも「芦田修正」の起案者として登場）は、「ソンな制限付の官制は明治維新以来なかった許《ばか》りでなく、総理の経歴が此《この》委員に適切な資格とは思えない」といら立ちを隠せなかった。

換骨奪胎された国防会議

そこで、民間人・事務局問題の決着は先送りし、まずは六月九日に成立した防衛庁設置法のなかに、国防会議の設置と、その所掌事項だけを規定することになった。

同法により、国防会議は「国防に関する重要事項を審議する機関」として内閣に設置されることとなった。また総理が会議に「はからなければならない」必要的諮問事項として、「国防の基本方針」、防衛大綱、産業等調整大綱、防衛出動の可否、その他総理が必要と認める国防に関する重要事項が列記された（本書第3章で見たように、のちにポスト四次防問題に苦慮する防衛当局がこの規定に目を向けることになる）。

防衛庁設置法制定までに民間人・事務局問題について自由党と改進党のあいだで決着がつかなかったので、国防会議の構成その他を定めるには別の法律（国防会議構成法）が必要となった。

ただ、国防会議をめぐって少数与党である自由党が野党改進党の攻勢を受けるというこれまでの構図は、防衛庁設置法成立後の国内政治事情によって変化することになった。一二月一〇日、吉田が退陣して自由党が下野し、代わって鳩山が民主党（同年一一月二四日に改進党と分自党が合流し結党）から総理に就任した。ところが今度は民主党の方が少数与党となり、逆に野党自由党の前に守勢に立たされることになった。しかも鳩山民主党政権は、自由党との保守合同（一九五五年一一月一五日、自民党結党）、日ソ国交正常化（一九五六年一〇月一九日）をひかえ、自由党側に譲歩せざるをえなくなっていた。

反吉田的な鳩山総理は、もともと国防会議の議員に旧軍人を加えることに意欲的であったが、自由党の要求に応じ、結局一九五五年七月二六日の国防会議構成法の国会審議で、同会議の議員から民間人を除外することを言明した。

鳩山は、旧軍人の議員としての国防会議参加がかなわなくなったのちも、同会議の事務局に、服部卓《はっとりたく》四郎《しろう》元陸軍大佐を迎え入れようとしていた。服部は元参謀本部作戦課長であり、ＧＨＱに解体された旧軍の再建を悲願とする復古主義的な旧軍人らから成る「服部グループ」の頭目《とうもく》であった。吉田が再軍備プロセスから服部グループを徹底的に排除したため、服部本人もかねてから保安庁・防衛庁とは別母体で旧軍を再建する計画を練り、国防会議に加わることを期待していた。麻生は、旧軍人の事務局参加をにらみ「一〇〇名をこえるような組織案」があったとの伝聞情報を残している（『海原文書』）。

服部卓四郎（写真：時事）

結局鳩山は、保守合同後の自民党内の旧自由党系グループに配慮する必要から、服部の国防会議事務局入りすらも断念した。改進党時代から国防会議創設を推進してきた芦田は、衆議院で国防会議構成法が可決された一九五六年五月二日の日記に「何の感激もない」と記すこととなる。なお第2章で見たように、憲法第九条に関する政府解釈として芦田修正論ではなく必要最小限論が採用されたのは、この一年半前のことであった。

さて同年七月、ようやく国防会議構成法が成立し、国防会議が創設された。

国防会議は議長である総理以下の五大臣で構成されることになり、旧改進党が主張したような民間人議員、つまり旧軍人の参加はしりぞけられた。

一方、旧改進党が防衛庁外に設置することを求めていた国防会議事務局は、総理府に設置された（翌年に国防会議に移管）。ただし初代事務局長には、旧内務官僚で、警視総監などを歴任した廣岡謙二《ひろおかけんじ》が就任した。当時防衛庁防衛局第一課長で、のちに自身も国防会議事務局長を務めることになる海原治（旧内務省出身）によれば、これは服部たちが「国防会議を占拠」するのを防ぐための、旧自由党系による「方策」であった。その後も歴代事務局長はほぼ旧内務省出身者で固められ、後身の内閣安全保障室長にも三代目までは警察庁や、やはり旧内務省系の自治省出身者が就《つ》いた。

つまり国防会議の創設とは、そのような機構をつくるということ自体については反吉田勢力（自民党内の旧改進党・旧民主党系）の言い分が通った代わりに、同機構を自主防衛の足がかりにするという反吉田側の当初の目的を、吉田勢力（旧自由党系）が換骨奪胎《かんこつだったい》した、両政治勢力の妥協であった。

国防会議は、「国防の基本方針」（一九五七年五月二〇日）や一九七六年大綱の策定などにおいて一定の政策形成機能を果たす。

「文民統制確保のための慎重審議」の意味

もともと国防会議創設の提唱者たちが同機構に託した、自主防衛の足場にするという目的は、吉田勢力により換骨奪胎された。

代わって国防会議創設の意義として公式に説明されることになるのが、「文民統制確保のための慎重審議」という大義名分であった。

そのことは、国防会議の設置趣旨についての次の一連の国会答弁に表れている。「国防のことは国家国民の運命にも関するようなきわめて重大なことであるから、慎重の上にも慎重を期さなければならぬ」(一九五五年六月八日、杉原荒太《すぎはらあらた》防衛庁長官答弁)。「昔のような軍閥ができないようにするため、政治力が支配的になるようなことを目的としたもの」(同年六月二七日、鳩山総理答弁)。「現在経済、外交あるいは政治等、すべてのものを総合的に慎重に審議する必要がある」(一九五六年四月六日、鳩山答弁)。

前述の通り、防衛庁設置法は、防衛大綱の策定や防衛出動の可否の判断などは、諮問が必要な事項として総理が国防会議に「はからなければならない」と規定している。この規定と、国防会議の設置趣旨が文民統制確保のための慎重審議であることは、整合して解釈されることになった。つまり、防衛大綱の策定や防衛出動の可否の判断などにあたっては、文民統制確保のために慎重審議を要する、ということである。

一方、もし国防会議構成法で「旧軍人議員」が誕生していたら、防衛庁設置法が定める必要的諮問事項に関する条文は、これとはまったくちがう意味を持ったはずである。その場合、「旧軍人議員」を含む国防会議に「はからなければならない」のだから、ここで「旧軍人議員」およびその背後のグループが、国防に関する重要事項に対して何らかの政治的発言権、下手をすれば事実上の拒否権を得る可能性もあったことになる。

つまり国防会議の設置趣旨が文民統制確保のための慎重審議であることの最大の意義は、旧軍人グループの政治的影響力の排除にあったのだ。

3　慎重審議の帰結

ネガティブ・コントロール

国防会議の設置趣旨を文民統制のための慎重審議に置いたのは、旧軍人の影響力排除のためであった。しかしそのような経緯は次第に忘れられていき、国防会議の慎重審議機能は、単なる防衛力整備への監視と同一視されていく。ネガティブ・コントロールとしての文民統制である。このことを象徴するのが、一九七二年に起こった「四次防先取り問題」であった。

当時の五か年防衛力整備計画である四次防は、もともと同年二月に策定されることになっていた。ところが、C-1輸送機の取得など一部計画の所要経費が、四次防の策定に先立って一九七二年度予算に既に計上されていた。そのため野党が、これは四次防の「先取り」であり、国防会議による文民統制を無視するものだとして反発し、国会が紛糾したのだった。

結局、当時の佐藤栄作政権は一二月八日には四次防のおおまかな方針しか策定できず、一〇月九日に田中角栄政権の下で改めて、具体的な整備内容を含むいわばフルスペックの四次防を決定することになる。

四次防先取り問題をめぐって野党が指摘したのは、防衛力整備に対する文民統制が徹底されていないということであった。そこで同年二月二五日に船田中《ふなだなか》衆議院議長が、「政府は今回の経緯にかんがみ、文民統制の実をあげるため適切な措置を講ずる」旨の斡旋《あっせん》をおこなった。これを受けて与野党の落としどころとなったのが、文民統制の強化のための国防会議の見直しであった。そして田中政権はフルスペックの四次防策定と合わせて、「文民統制強化のための措置について」と題した文書（文民統制強化措置）を閣議決定した。

これにより、国防会議の議員として従来の五大臣に、通商産業相、科学技術庁長官、内閣官房長官、国家公安委員長を追加するとされた。後二者の追加は、安全保障会議への改組の際に実現する。また、「自衛隊の組織・編成・定数の変更」や、「最新式の主要装備の種類・数量」は、国防会議の必要的諮問事項とされた。

なおフルスペックの四次防と文民統制強化措置が閣議決定された際、第3章で見たように、田中総理は防衛庁に「平和時の防衛力の限界」を示すように指示した。その五日後（一〇月一四日）には、第2章で見た集団的自衛権をめぐる「一九七二年見解」も田中政権によって国会に示されている。

文民統制強化措置は、三木武夫政権期の一九七六年一一月五日の新たな閣議決定「防衛力の整備内容のうち主要な事項の取扱いについて」により上書きされた。そして新たに、「自衛隊の配置の変更」、「予備自衛官の員数の変更」、「最新式以外のものも含む主要装備の種類・数量」、「長期にわたり多額の経費を要する主要装備の開発項目」が、やはり必要的諮問事項化された。

その後一九八二年七月二三日の中期業務見積り策定の際、中業はあくまで防衛庁限りの参考資料という位置づけにもかかわらず、あえて国防会議で「了承」するという手続きがとられている。ハト派で通る当時の鈴木総理が、「現在中業というのがひとり歩きをしておる、こういうことではいけない」との意向を持ったからであった（『国会会議録』）。

当時いわれていた国防会議の改革とは、プロアクティブな戦略策定機能をそなえることでも事態対処機能を充実させることでもなく、文民統制確保のための慎重審議機能を強化することであった。というより、防衛力整備に対する監視主体の追加と監視対象の拡大という、むしろ「ネガティブ・コントロールのための慎重審議」の強化に終始するものであった。

慎重審議への問題提起

こうした風潮に疑問を抱いたのが、またもや久保卓也であった（第3章参照）。当時久保は防衛事務次官を辞したのちに国防会議事務局長の任にあたっており、福田赳夫総理の命で国防会議の在り方について検討していた。

国防会議と文民統制の関係について、久保は次のように考えていた。そもそも文民統制の主体は、総理や内閣、あるいは国会のはずである。そしてNSC的組織を通じ「単に総理・大統領が軍権を行使する場合により慎重を期する」のは、「文民統制とは異質のもの」であろう。こうした考えに立つ久保は、国防会議事務局の勉強会の場でも「国防会議の文民統制の性格はいらないんじゃないか」と公言していた（『海原文書』）。

久保は一九七八年五月にこの点についての考えを（またもや）論文にまとめ、そのなかで「国防会議自身が文民統制をするのではなく〔中略〕、首相（内閣）に対し文民統制上の見地からの補佐を行う機能を果たすべきもの」との見解を示している。そして、監視主体の拡大という観点から国防会議の議員を増やそうとする四次防先取り問題以来の風潮に対しても「疑問に思って」いた。

久保は国防会議の役割として、慎重審議というより、むしろ「縦割りの安全保障に関する分野を横からながめる」ことを重視した（『国会会議録』）。久保の考えにもとづき、国防会議事務局は国防会議を新たに「国家安全保障会議」に改組する検討に着手し、実際に「国家安全保障会議設置法案」をとりまとめている。その内容は一九七八年一一月一五日に『日本経済新聞』が報道した。

前述の通り防衛庁設置法は国防会議について、単に国防に関する重要事項を審議する機関と規定していた。これに対し、国防会議事務局による「国家安全保障会議」創設構想の特徴は、会議の主たる任務を、「わが国の安全と独立を確保し、国民生活の安定と保全を図るため、〔中略〕わが国の安全保障政策の確立と推進に資《し》すること」に拡大した点である。ただこの構想においても、文民統制のための慎重審議機能は維持されていた。したがって、慎重審議機能の強化を建前とした、戦略策定的機能の実質的な追加を志向したものであったということになる。

結局久保たちの「国家安全保障会議」設置法案は、関係省庁に示されたものの、各省庁の理解が得られず、また同年秋に久保が退官（一一月一日）し、福田も退陣（一二月七日）したことで暗礁《あんしょう》に乗り上げた。

ただ「国家安全保障会議」に関する久保構想は、内閣安全保障機構と文民統制の関係に対する、本質的な問題提起であったといえる。

総合安全保障関係閣僚会議の併設

福田の後継の大平正芳総理は、国防会議改組の見送りを了承し、大平政権、次いで鈴木政権は、国家安全保障よりも「総合安全保障」に舵《かじ》を切る。総合安全保障とは、これまでの安全保障政策が軍事に偏《かたよ》ったものであったとの認識に立ち、第一次石油危機などを踏まえ、安全保障を経済やエネルギー問題をも含む幅広い観点からとらえ直そうとする考え方である。一九八〇年一二月、鈴木政権は総合安全保障政策推進のため、国防会議とは別組織として総合安全保障関係閣僚会議を設置した。

これにより、内閣安全保障機構は、文民統制確保のための慎重審議機能を持つ国防会議と、総合安全保障政策推進のために国防会議とは別組織として設置された総合安全保障関係閣僚会議という、二つの合議体を持つものとなった。

二つの合議体が併設されるかたちになったのは、内閣安全保障機構に総合安全保障政策推進という新機能を追加するにあたって、これまでの慎重審議機能には手がつけられないので、わざわざ新機能を担当する別組織を設置せざるをえなかったからといえる。

なお、総合安全保障関係閣僚会議は九〇年代に入って休止状態となり、二〇〇四年一〇月一日に正式に廃止された。

安全保障会議への改編

　このように国防会議には、安全保障政策をプロアクティブに推進していくというよりも、慎重審議機関としてむしろ抑制的に働くことを期待される側面があり、必ずしも存在感を示しきれない時期も続いた。

　一方、七〇年代終わりから八〇年代はじめにかけて、国防以外の緊急事態対処への関心が高まる。ＭｉＧ‐25事件（一九七六年九月六日、ソ連軍の最新鋭戦闘機ＭｉＧ‐25がパイロットの亡命目的で函館《はこだて》空港に強行着陸）、日本赤軍によるダッカ日航機ハイジャック事件（一九七七年九月二八日）、ソ連軍による大韓航空機撃墜事件（一九八三年九月一日）などが立て続けに起こったからである。

　そこで中曽根行政改革の一環として、総理の私的諮問機関である「臨時行政改革推進審議会」（行革審）と後藤田正晴官房長官の主導により、内閣安全保障機構の改革が着手された。行革審は一九八五年七月二二日の答申で、緊急事態対処体制の整備を唱えた。

　この答申を踏まえ、一九八六年七月、国防会議は安全保障会議へ改組された。またこれにともない、それまでの国防会議事務局の機能を継承し、「国の安全に係る事項の総合調整」をおこなうスタッフ組織として、内閣安全保障室が設置された（総合安全保障関係閣僚会議の事務局機能も担当）。

安全保障会議は、国防会議時代の五大臣に、内閣官房長官と国家公安委員長を加えた七大臣から構成された。また国防会議時代の審議事項に、「重大緊急事態への対処に関する重要事項」が加えられた。現在のNSCにも受け継がれている重大緊急事態の概念は、この時創出された。

重大緊急事態とは、「国防以外の事態」で「我が国の安全に重大な影響を及ぼすおそれがある緊急事態」のうち、「通常の緊急事態対処体制によっては適切に対処することが困難な事態」を指すとされた。前述のMiG-25事件などが念頭に置かれている。ただ関係省庁の抵抗などで、同事態には自然災害は含まれないこととなった。

当初は会議の名称を「国家安全保障会議」とする案もあったが、安全保障問題ではハト派で知られる後藤田の反対により実際のものに落ち着いた。ただおそらく多くの人が誤解していることだが、「安全保障」会議という名称にもかかわらず、同会議は幅広い「安全保障に関する重要事項」を審議する場ではなかった。実は安全保障会議設置法には、会議の名称以外に「安全保障」という言葉は一切登場しない。改組の趣旨からいえば、むしろ「国防・重大緊急事態」会議と呼ぶべきものであったといえる。

安全保障会議設置後の一九八六年一一月二一日に発生した伊豆大島《いずおおしま》三原山《みはらやま》の大噴火では、重大緊急事態に発展するおそれもあるとの理由から、自然災害を担当する国土庁の対応に内閣安全保障室も伴走し、後藤田の下に関係省庁の局長が自発的に参集して、約一万人の島民避難が実施された。

ところで、安全保障会議への改組に際しても、文民統制確保のための慎重審議という、国防会議以来の内閣安全保障機構の設置趣旨は変わらなかった。

そこで問題になってくるのが、新たに追加された重大緊急事態対処機能と、文民統制の関係である。というのも、重大緊急事態には、ハイジャックなど警察が主体となって対処するような事案も含まれているからである。この点については、議員に国家公安委員長が追加されたことや、初代内閣安全保障室長に警察庁出身で危機管理の専門家である佐々《さっさ》淳行《あつゆき》が就任したことが象徴的である。

そうすると、そもそも重大緊急事態対処とは、軍事に対する政治優先を意味する文民統制の対象といえるのか、という疑問が生じる。

両者の関係について、自身も警察庁長官・国家公安委員長を歴任した後藤田が一九八六年四月一七日に国会で説明したのは、国防と重大緊急事態のあいだに、場合によっては「つながりが出てくるおそれ」があるということであった。そこで安全保障会議で重大緊急事態を審議することによって、「有事に至る前の段階で有事に至らしめないような国全体の政府の方針というものが的確に決まっていく」。したがって、安全保障会議は「シビリアンコントロールという意味合いにおいても十分な機能を果たすことができる」。

つまり、重大緊急事態対処そのものはやはり文民統制の対象とはいえないが、重大緊急事態と国防事態の「つながりが出てくるおそれ」に着目することによって、その限りにおいて重大緊急事態対処であっても文民統制の対象になるという、なかなか苦しい説明であった。内閣の緊急事態対処体制の強化が求められるなかで、文民統制確保のための慎重審議機能の維持にこだわり続けることのほころびが垣間《かいま》見えたといえる。

危機管理・事態対処機能の強化

九〇年代に入ると、阪神・淡路《あわじ》大震災(一九九五年一月一七日)、オウム真理教地下鉄サリン事件(同年三月二〇日)、在ペルー日本大使公邸占拠事件(一九九六年一二月一七日)などを受け、内閣の危機管理機能の強化が求められるようになった。特に阪神・淡路大震災では、担当の国土庁は当直体制を敷いておらず、ファックスに気づいた民間の警備員が発災二〇分後に同庁職員の自宅に連絡するという状態であった。司令塔となるべき緊急対策本部の設置には、発災から三日を要した。

こうしたことから橋本行革の下、一九九七年一二月三日に総理を会長とする「行政改革会議」が危機管理の在り方についての最終報告をとりまとめた。同報告にもとづき、一九九八年四月に内閣官房副長官に準ずるポストとして新たに内閣危機管理監が設置された。これには古川貞二郎《ふるかわていじろう》内閣官房副長官の提唱もあった。

内閣危機管理監の任務は、自然災害も含めた危機に対し、内閣として必要な措置について第一次的に判断し、初動措置について関係省庁と迅速に総合調整をおこなうことなどである。また内閣危機管理監設置とともに、内閣安全保障室は内閣安全保障・危機管理室（安危）に改組され、所掌事務に「危機管理に関する総合調整」などが追加されたうえで、内閣危機管理監の補佐も担うこととなった。

その後、防衛大綱やガイドラインの策定を、安危が主導していくことになる。また東日本大震災でも、緊急事態における内閣危機管理監と関係省庁局長級幹部による情報集約のための協議体である「緊急参集チーム協議」が招集された。そして安危・関係省庁リエゾン（連絡要員）が政府の危機管理活動の中枢施設である「官邸危機管理センター」で情報集約・連絡調整にあたった。

ただ、内閣安全保障部門と内閣危機管理部門の関係は一見分かりにくいものとなっている。前述の通り、安全保障会議は重大緊急事態以外の危機管理を所掌しない。一方、事務方のスタッフ組織のトップである内閣危機管理監の所掌からは、国防に関するものは除かれている。政府答弁によれば、国防については、総理、内閣官房長官、内閣官房副長官といった「一層

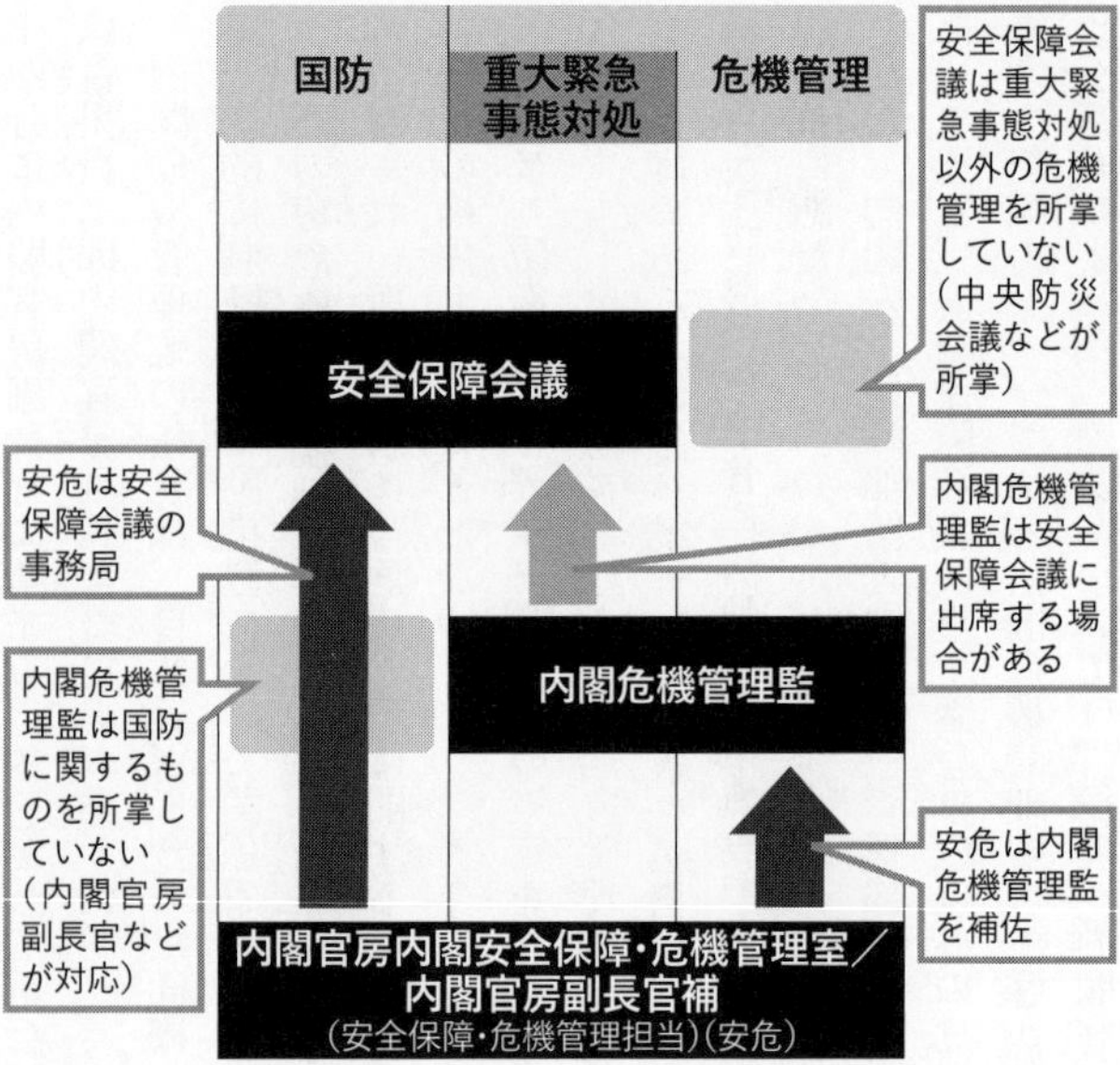
国防
重大緊急事態対処
危機管理
安全保障会議は重大緊急事態対処以外の危機管理を所掌していない（中央防災会議などが所掌）
安全保障会議
安危は安全保障会議の事務局
内閣危機管理監は安全保障会議に出席する場合がある
内閣危機管理監は国防に関するものを所掌していない（内閣官房副長官などが対応）
内閣危機管理監
安危は内閣危機管理監を補佐
内閣官房内閣安全保障・危機管理室／内閣官房副長官補（安全保障・危機管理担当）（安危）

図 5-4

安全保障会議時代の内閣安全保障部門と内閣危機管理部門

出典：筆者作成。

高度なレベルでの総合的、政治的判断により決定されるべき」ためであるとされる。そして、安全保障会議の事務局であり、かつ内閣危機管理監を補佐する安危は、国防から重大緊急事態を含む危機管理までをすべて所掌する。そして安全保障会議と内閣危機管理監の連接は、同監が関係者として同会議に出席する場合があるというかたちになる（図5-4）。

　これらの複雑な制度設計は、内閣危機管理監や安危の設置といった改革が文民統制確保のための慎重審議という安全保障会議の設置趣旨自体には触れず、そのスタッフ組織についで新たに危機管理機能を追加するものだったことが背景になっている。そのため内閣安全保障機構の合議体・スタッフ組織における階層間の所掌の一致や機能の連接に必ずしも重点を置いた制度設計とはならなかった。

加えて古川が述べているように、「安全保障問題が防衛庁出身者を中核とし、他方、危機管理が警察出身者を中核とせざるを得ない現状」の反映でもあった。実際に歴代の内閣危機管理監は今のところ全員が警察庁出身者であり、そのほとんどは警視総監の前歴を持っている（ただ古川が述べた事情は、警察庁出身の北村滋《きたむらしげる》の国家安全保障局長就任でやや変化が見られた）。

次いで二〇〇一年一月六日の中央省庁再編に際し、内閣官房を柔軟かつ弾力的な運営が可能な組織にするとされた。これを踏まえ、内閣安全保障・危機管理室は廃止され、代わって内閣官房副長官補（安全保障・危機管理担当）が設置された。「室」を廃止して「副長官補」ポストを新設し、その副長官補の下にそれぞれが副長官補に直属するスタッフたちを置く、という体制である。

橋本行革以後は、安全保障会議設置法二〇〇三年六月一三日改正で、安全保障会議は九大臣から構成される会合となった。また同法二〇〇六年一二月二二日改正では、周辺事態対処や自衛隊による国際平和協力活動が必要的諮問事項に追加された。その趣旨は、安全保障会議を事態対処に関する審議の場として活用し、その役割を明確化・強化することを通じた文民統制の徹底であるとされる。

一つの転機となったのは、二〇〇一年九月の九・一一事件と同年一〇月からのアフガニスタン戦争、一二月二二日の九州南西海域不審船事件、二〇〇三年三月からのイラク戦争などの二〇〇〇年代初頭の事態対処に際してであった。この時、小泉純一郎総理のリーダーシップの下で安全保障会議での審議が増加した。内閣安全保障機構の在り方が、それまでのネガティブ・コントロール重視から、ポジティブ・コントロール重視に転換していくことを予感させるものであった。

ともあれ今日のNSCの制度設計は、以上のような文民統制確保のための慎重審議機能を一貫して踏襲してきたその成立前史に大きく規定されている。

＊

日本の統治システムの基本原則は分担管理であるため、内閣安全保障機構の決定であっても、閣議決定されない限り内閣全体の意思とはならない。日本のNSCは、あくまで審議機関であって、決定機関ではない。

とはいえ、ＮＳＣが創設されたことで、少数の関係閣僚による機動的・実質的審議が可能となり、実際に国防会議・安全保障会議時代に比して会議の開催頻度は高まった。

また、新設された国家安全保障局長は、内閣官房副長官に準ずるポストである内閣危機管理監と同格として、従来の内閣安全保障部門のスタッフ組織のトップであった安全保障・危機管理担当の内閣官房副長官補（事務次官級）より格上に位置づけられた。

そして同局長が、米国家安全保障問題担当大統領補佐官をはじめ、諸外国のＮＳＣの対外的窓口のカウンターパートとして明確化された。

さらに、安危から分かれた事態室とは別に、ＮＳＳに外務省・防衛省・警察庁などから約七〇名の人員が投入され、スタッフ組織のマンパワーが増大した。

ＮＳＣの下、二〇一三年一二月一七日にそれまでの「国防の基本方針」に代わって、「国際協調主義に基づく積極的平和主義」を掲げた日本初の国家安全保障戦略が策定された。また平和安全法制制定はＮＳＳが主導し、新型コロナ危機でも対応にあたった。ＮＳＳは二〇二〇年四月一日に経済安全保障政策推進のため新たに「経済班」を設置するなど、進化を続けている。この間、ＮＳＣのために関係省庁の課長級・局長級会合が頻繁に開催され、省庁間の問題意識の共有や情報集約が図られるようになった。省庁間で調整がつかない場合は、ＮＳＣ・ＮＳＳで裁定されるようになってきている。

インテリジェンスについても、NSCがインテリジェンス・コミュニティ（内閣官房内閣情報調査室、防衛省情報本部など）に情報要求を出し、インテリジェンス・コミュニティからNSCにインテリジェンスが提供され、それに対しNSCからフィードバックがなされる「インテリジェンス・サイクル」が回り始めるようになってきているといわれる（筆者によるNSS関係者へのインタビュー）。

一方、日本の内閣安全保障機構の制度設計が複雑化するのは、その設置趣旨が、安全保障政策に関していっそうの慎重を期す、という文民統制確保のための慎重審議にあるからである。

また、慎重審議は基本的には「内向き」の機能で、NSCの創設によってようやく米NSCなどの諸外国のNSCとの連携に重きが置かれるようになったという点からも、外部との線引きの問題ともつながっていた。なお、一九六〇年安保改定の際に国防会議は開催されていない。

文民統制確保のための慎重審議機能を維持することの帰結として、内閣安全保障機構に総合安全保障政策推進や危機管理、戦略策定・事態対処などの新機能を追加しようとすると、性格の異なる設置趣旨を同時に追求することになる。そのため、既存の組織と別建てにしたり（国防会議と総合安全保障関係閣僚会議、安全保障会議と内閣危機管理部門）、同一組織とする場合でも機能を分けたりする必要が出てくる（ＮＳＣにおける四大臣会合と九大臣会合）。特に日本では文民統制がネガティブ・コントロールの意味で理解される傾向が強いことから、そこからの後退と受け取られるので、いったん決められた「監視主体」や「監視対象」には手がつけられないのである。

だが、そもそも文民統制確保のための慎重審議という内閣安全保障機構の設置趣旨は、旧軍の「亡霊」から吉田路線を守るという、五〇年代特有の政治的必要性のなかで生まれたものであったにすぎない。ＮＳＣというドーナツの穴をのぞくと、内閣安全保障機構の制度設計に今なお影響し続けている内部でのしばりの問題が姿を現す。

終章　歴史に学ぶこれからの日本の安全保障

歴史から見た「線引き」と「しばり」の問題

戦後日本の安全保障の仕組みは、まず五〇年代、次いで七〇年代、そして二〇一〇年代におおむねかたちづくられた。そして、同盟、法体系、防衛力の整備と運用の指針、組織といった全般にわたって、外と内それぞれの問題にからめとられてきた。

第一の問題は、同盟や地域など外部との関わりにおいて見られるもので、線引きによって安全保障の仕組みが現実と調和したものになりにくい、というものであった。

日米安保条約とそれにもとづく日米同盟は戦後日本の安全保障の基軸であるが、同条約に対して日本人はわだかまりを抱いてきた。その背景には、日米安保条約を通じアメリカの極東防衛コミットメントとつながりを持つことは危険だとする見方があった。そこで、極東有事における在日米軍の行動に制約をかけ、日本が戦争に巻き込まれないようにすることが重視されてきた。

しかし日米同盟は、単なる「二国間基地同盟」ではない。戦略的・地政学的現実を踏まえると、「極東一九〇五年体制」という地域秩序を支える、「米日・米韓両同盟」の一機能と見ることができる。

また日米安保条約の下での具体的な防衛協力について定めた七〇年代以降のガイドラインをめぐっても、日米同盟における指揮権の在り方は必ずしも日米二国間防衛の枠内で考えることができる問題ではない。むしろ極東地域全体におけるアメリカ軍の指揮体系、特に米韓同盟における指揮権や司令部機能の在り方と密接に関係するものであった。

第二の問題は、国内の体制に関し、一度つくった仕組みにしばられる、というものである。ここでは、仕組みがつくられた本来の理由が忘れられ、大義名分自体に命が宿る場合（集団的自衛権行使違憲論、文民統制確保のための慎重審議機能）と、本来の理由から離れた、様々な意味づけがなされる場合（基盤的防衛力構想）がある。

集団的自衛権行使違憲論は、純粋な憲法論にもとづいて組み立てられた考え方ではなく、五〇年代当時、その根拠がきわめて脆弱と見られた自衛隊の合憲性を守るための、その場しのぎの「手品」であった。そのような問題の解決策として、芦田修正論をとる選択肢もあったが、結局平和安全法制は必要最小限論にもとづいてつくられた。また、そもそも憲法で「戦力不保持」を規定したこと自体が、戦勝国から天皇制を守るための、その場しのぎの方策という側面があった。

また七〇年代に、防衛大綱が策定され、基盤的防衛力構想が導入されたのは、必ずしも脱脅威論を通じた防衛政策に関する国民のコンセンサスづくりのためだったわけではない。それらは五か年防衛力整備計画方式を止めるためのエクスキューズであった。そしてそのようなエクスキューズを用いる際に生じた解釈の不一致から、基盤的防衛力構想が多義的に理解されるようになり、防衛力の在り方をめぐってコンセンサスが欠如するなかで「意図せざる合意」として持続することになった。

さらに司令塔としてのNSCの複雑な制度は、必ずしも合理的に設計されたものではなく、「文民統制確保のための慎重審議」という、国防会議以来の内閣安全保障機構の設置趣旨に影響されている。そしてそのような設置趣旨は、復古主義的な自主防衛をもくろむ旧軍人グループの政治的影響力を排除し、吉田路線を守るという、五〇年代特有の事情によるものであった。

それぞれのトピックをめぐる歴史をひもとくことで、単に憲法第九条のみに還元できるというより、「外部との線引き」や「内部でのしばり」という、根源的な問題が浮かび上がってくる。また、これまでの常識や通説は、歴史を狭い視野で見るか、逆算して解釈している場合も少なくない。「在日米軍に制約をかける事前協議制度」。「自衛のための必要最小限の範囲を超える集団的自衛権行使」。「脱脅威論たる基盤的防衛力構想」。「日米二国間防衛の枠内での指揮権調整」。「ネガティブ・コントロールのための慎重審議」。これらはすべて、マジックワードなのである。

このように、戦後日本の安全保障をめぐる同盟、法体系、防衛力の整備と運用の指針、組織といった仕組みは、更地のうえに、先々を見通し、脈絡をつけたうえで合理的に組み立てられた、というわけではなかった。

また、線引きとしばりの問題には、一部関連性を見出すことができる。本書で見た集団的自衛権行使違憲論、基盤的防衛力構想を構成した各種機能保持／機能的・地理的均衡概念や限定小規模侵略独力対処概念、あるいは文民統制確保のための慎重審議機能は、それぞれの時代特有の政治事情のなかで間に合わせでつくり出されたものであったと同時に、各々線引きの問題ともなじむものであった。

加えて、次のように言うこともできる。そもそも日本の実力組織そのものが、「警察」予備隊として、まさにその場しのぎのかたちでつくられたものだった。そのため、本書でも折々で見たように、戦後日本の安全保障をめぐる仕組みには、旧内務省色・警察色がちらつく。そして警察による取り締まりは、一部の国際犯罪を除けば、基本的には日本一国の枠のなかで考えることができてしまう。

線引きとしばりは、一部で結びつきながら、さらに働きを強めることになったといえよう。

日米安保条約

それでは、これまで見たような観点から、現在の日本の安全保障体制をどのように評価でき、またこれからの日本の安全保障にどのような示唆が得られるのかについて考えてみたい。

まず日米安保条約についてである。

日米同盟とは、「極東一九〇五年体制」を支える「米日・米韓両同盟」の一機能でもある。つまり極東地域に「開かれた同盟」といえる。そしてそのことを前提に、「対等性」のみならず、「実効性」の確保とのバランスが問われてくる。外部との線引きをしないことによる問題だけでなく、線引きをすることの問題にも目が向けられなければならない。

日米同盟の極東地域への「開放性」や、それにもとづく実効性に対する認識は、日米安保条約の締結や改定時と比べて少しずつ高まってきた。そのことをひとまず公式に示したのが、一九六九年の佐藤＝ニクソン共同声明における韓国・台湾両条項であった（ただ、言葉以上の具体性はまだなかった）。また冷戦終結後の日米安保再定義により、「アジア太平洋地域」における安定化装置との意味づけがなされた。

今後も重要になってくるのは、極東有事の際に突然事前協議を開いて在日米軍の行動をしばることを通じてではなく、平素からアメリカと調整・協力するなかで「日本が役割を果たすこと」を通じて、日本が極東地域秩序の在り方について発言権を得る、という発想に切り替えていくことである。「極東一九〇五年体制」維持の前提となる在日米軍基地をめぐっては、適切なホスト・ネーション・サポート（受け入れ国支援）を実施しつつ、抑止力の維持と基地負担軽減の両立を図り、その安定的使用を確保していく必要がある。

また、そうした「物と人との協力」に加えて、「人と人との協力」の次元でも深化を進めていくべきである。というのも、第1章で見た通り、同盟の「対等性」は、「互恵性」の承認と「双務性」の調整を通じて確保できるが、一九六〇年安保改定当時と比べてもその前提が変化してきているからである。

冷戦終結は、日本の西側陣営への貢献がアメリカへの基地提供で足りた時代の終わりでもあった。そして近年では、日本を取り巻く安全保障環境は不安定化する一方である。またG7（主要七か国）の一員として、日本が安全保障分野で担うべき責任は増している。

さらに長期的には、日米両国の人口動態が同盟に及ぼす影響も見過ごせない。各国の人口動態の変化によって、安全保障研究者のニコラス・エバースタットが論じるように、「高齢化する安全保障パートナーにとってのアメリカの価値はますます大きくなるが、ワシントンにとっての価値は低下していく」ことになる。なかでも日米同盟は、今後「老人（日本）と若者（アメリカ）の同盟」となっていく可能性が高い。その結果、ちょうど社会保障などをめぐる国内の世代間対立と似た構図が、同盟国間で生じることにもなりかねない。

そうすると、互恵性のバランスの変化を認め、「非対称性」を持つ双務性の内容を変えていかなければ、対等性が確保できないということになる。対等性についての不満の蓄積は、やがて実効性の土台も侵食するだろう。

さらに今後は、日米安保条約と、在日米軍基地を介したアメリカの韓国防衛コミットメントとのつながりのみならず、従来はそれより一段低く見られていた台湾防衛とのつながりを認識することが重要である。たとえば、台湾有事における事前協議の在り方や、同有事を想定した、ＩＮＦ（中距離核戦力）条約失効（二〇一九年八月二日）にともなう地上発射型ミサイルの在日米軍基地への配備などが論点となるだろう。あるいは、台湾海峡情勢が緊迫した場合の台湾空軍機の退避のための在日米軍基地の使用について問題提起する専門家もいる。

一方、中国の台頭は、「極東一九〇五年体制」の前提を揺るがすことになるおそれがある。

また、日本と韓国の関係も、歴史認識の齟齬のみならず、二〇一八年一二月一〇日に韓国海軍が海上自衛隊の哨戒機に火器管制レーダーを照射したり、次いで二〇一九年八月二二日には韓国政府が日本との軍事情報包括保護協定（GSOMIA）の破棄をちらつかせたりする問題が起こり、必ずしも常に良好というわけではない。だからこそ、アメリカを介した「米日・米韓両同盟」の存在意義が引き続き小さくないわけである。

ただ、仮にアメリカと韓国の関係が極端に弱体化したり（在韓米軍撤退など）、あるいは韓国が中国に接近していくようになったりすれば、「米日・米韓両同盟」への影響は大きい。場合によっては、二〇世紀初頭以来の極東地域秩序の変容を意味する。

そこで日本としては、台湾との結びつきを強めたり、近年日本が提唱している「自由で開かれたインド太平洋」（FOIP）構想を軸に、各国との協力を進めたりしていくことが望まれる。FOIPは、アジア太平洋からインド洋を経てアフリカにいたる地域で法の支配にもとづく秩序を実現し、繁栄と平和をもたらそうとする構想である。そうした協力の場として、たとえば安全保障に関する日本、アメリカ、オーストラリア、インドの協議の枠組みであるQUADがある。その場合でも、日米同盟が開放性の地平を拡大し、これらの国ぐにと有機的に連結した「開かれた同盟」であることが引き続き求められる。そうすると、やはり一国平和主義的な安全保障観とのギャップの調整を迫られることになるだろう。

憲法第九条

次に憲法第九条についてである。

平和安全法制によって集団的自衛権行使違憲論が一部修正されたことは、問題に対する一定の解決であった。

ただしそこでの問題の解決策は、芦田修正論ではなく、依然として必要最小限論によるものであった。必要最小限論という憲法解釈をとる限り、必ずどこかで「ここより内側が必要最小限」という「一線」を引き続けなければならない。

したがって、集団的自衛権行使が認められることになったといっても、平和安全法制でおこなったのはその「限定」容認である。そのため、たとえば第三国から日本国外（アメリカの領土や洋上に展開するアメリカ軍部隊）を標的として発射されたミサイルを日本が迎撃できるかは、法的解釈として判然としないとの見方も存在する。

また、「武力行使との一体化」論もやはり維持されている。これにより重要影響事態対処やPKOなどへの参加、国際平和共同対処事態への寄与においても、自衛隊が活動可能な地域は「他国が現に戦闘行為を行っている現場ではない場所」とする線引きは持続している。

さらに、自衛隊の活動が許されるような様々な事態概念について、要件も含めてあらかじめ厳格かつ一方的に想定しておかなければならないという制約（いわゆる「ポジティブ・リスト方式」）も、国際情勢の不確実性や激しい変化のなかでは現実との乖離《かいり》を生じさせるおそれがある。たとえば二〇一九年七月九日にアメリカが提唱した「海洋安全保障イニシアティブ」（中東ホルムズ海峡などにおける船舶の安全確保を目的とした、アメリカ主導の有志連合による取り組み）について、国際平和共同対処事態を認定することができなかったため、自衛隊はこれに参加せず独自の取り組みをおこなうこととなった。同事態が、湾岸戦争型の、国際社会が一致団結しており国連安保理決議も採択されるといったような、今となっては特殊なケースを想定しているからである。

加えて問題なのは、平和安全法制の成立にもかかわらず、またPKO参加の実績を経ても、依然として一国平和主義的な安全保障観が根強く残っていることである。憲法学者による「他衛権」という不可解な造語に象徴されるような、自国と密接な関係にある他国への攻撃に対して自衛権を行使することに納得できないという感情（これ自体は憲法論ではなく国際法への批判だが）である。そうすると、安全保障研究者の森聡《もりさとる》が鋭く指摘するように、日本そのものに対する武力攻撃が発生していない存立危機事態における自衛隊の防衛出動への国会承認、ひいては世論の同意が、仮に相手国が軍事的恫喝《どうかつ》をおこなってくるなかででも得られうるのか、という深刻な課題が残される。

同様の問題は、日米同盟が「米日・米韓両同盟」の一機能であるとの認識を欠いたままの状態で朝鮮有事などの重要影響事態に対処する際にも、立ち現れる可能性がある。

いずれにせよ、平和安全法制の制定によって、憲法改正のモメンタム（勢い）そのものはいったん低下したと考えられる。ただ、仮に今後必要最小限論にもとづく平和安全法制では不十分となった場合には、二つの選択がある。

一つはすなわち憲法改正である。これについての最近の重要な提言として、二〇一八年三月二六日に自民党がとりまとめた憲法改正案がある。ここでは、現行の第九条第一項・第二項およびその解釈を維持したうえで、新たに自衛隊の保持を明記した条項を追加するとされた。しかし、第二項を維持する限り、結局は「自衛隊」が第二項の「戦力」に該当するか否かが引き続き論点となるので、これは従来の政府解釈を憲法典での記載に格上げする、という趣旨だと考えられる。もちろんそれ自体は意味のないことではないが、そのことと、反対運動にともなう混乱や第九条改正案が国民投票で否決されるリスク（そうなれば、自衛隊の正当性が傷つくとともに、長期間にわたって憲法改正は望めなくなるだろう）とを比較考量する必要がある。

もう一つの選択肢は、憲法解釈を必要最小限論から芦田修正論に変更することである。たしかに芦田修正論に問題がないわけではない。ただ、憲法改正よりはハードルが低い。

防衛大綱

続いて、防衛大綱の在り方である。

基盤的防衛力構想には、多義的解釈を通じて防衛力整備の行き詰まりを打開するという歴史的役割があった反面、現実の防衛力の在り方を規律する力が不十分になるとともに、混乱や誤解も生むという問題もあった。

同構想の持続と、そこからの脱却の過程を通じ、様々なものが見えてくる。まず、健全な「政軍」関係を構築するうえで、防衛構想をめぐる認識の一致が重要だということである。次に、防衛力の在り方を考えるにあたっては、防衛力整備重視から運用重視への移行と、そこでの陸海空自衛隊の統合運用の推進がポイントになってきている点である。さらに日米同盟の観点から、防衛構想において日米間での脅威認識の共有や運用面での協力が重要な位置を占めるようになっていることである。動的防衛力系統の防衛構想への転換の意義は、これらの点に見出せる。

一方歴史を振り返ると、防衛力の在り方を、防衛大綱や別表で規定していくことが絶対に変えることのできないルールだというわけではないことが分かる。実際、行き止まりだけを決めて計画期間を明示しない、という大綱方式採用の当初の趣旨とはちがって、一九七六年大綱以外で超長期間（一〇年以上）維持された防衛大綱は存在しない。また防衛大綱の下に一九八五年からは中期防が、そしてさらに、上には二〇一三年から国家安全保障戦略が策定され、安全保障政策文書体系のなかでの防衛大綱の位置づけ自体に変化が見られる。

今後の防衛力の在り方についても、不断の見直しが必要である。そこで論点として考えられるのは、たとえば、必要最小限論にもとづく「専守防衛原則」と、防衛力整備・運用の関係についてである。専守防衛原則とは、相手から攻撃を受けてはじめて武力を行使し、その場合も必要最小限の武力行使にとどめるとの姿勢を指す。基盤的防衛力構想を含め、日本の防衛構想はすべてこの原則に立ってきた。そして、個別の装備調達が専守防衛の範囲内か否かがあらかじめ判断できるとの前提で、空中給油機の導入や、ヘリコプター搭載護衛艦のいわゆる「軽空母」化（「いずも」の改修など）、またいわゆる「敵基地攻撃能力」の保持の合憲性が、そのたびごとに議論されてきた。

ただ、こうした専守防衛原則にもとづく防衛力の整備・運用が、宇宙・サイバー・電磁波などの新領域への対応はもとより、人工知能（ＡＩ）を搭載した自律型の無人機、極超音速兵器、電磁レールガン、高出力レーザー兵器、量子科学技術など、近年の軍事技術の劇的な進歩に追いついていけるものなのか、慎重な検討が求められる。そもそも、専守防衛原則によって、彼我《ひが》双方にとっての犠牲を結果的に最小限に抑えうることになるのか、必ずしも明確ではない。

加えて、必要な防衛予算をいかに確保していくかも重要な論点である。基盤的防衛力構想の導入や維持も、予算の問題と密接に関連していた。防衛力整備に関するコスト削減を進め、かつ社会保障も含めた他の政策領域への資源配分とのバランスを考慮しながら、世論の理解を得ていくことが一段と重要になる。

ガイドライン

そして、ガイドラインに関連する点である。

日米同盟における「人と人との協力」は、一九七八年ガイドライン策定以降深化し、一九九七年ガイドライン策定後は、周辺事態（のちに重要影響事態）での自衛隊による後方支援活動が可能となった。さらに近年では、二〇一五年ガイドラインを通じ、グレーゾーンの事態を含む多様な事態へのシームレスな対処や、グローバルな課題、新領域への対応をめぐる協力が進められている。

ガイドラインで定められるような日米共同対処体制のなかで本書が焦点を当てた指揮権の在り方については、並列型を前提に、日米共同調整所や同盟調整メカニズムの設置、自衛隊とアメリカ軍の司令部組織間の連携強化がなされてきた。有事指揮権統一や「連合司令部」

設立をおこなわないのであれば、実効的な日米共同対処のためにこうしたかたちでの情報共有や政策・運用面での調整の円滑化を推し進めていくことが重要になる。

また日米同盟における指揮権の在り方は、極東地域全体におけるアメリカ軍の指揮体系とも密接に関係する。そして、その先行きには不透明な部分が残されている。

たとえば、安全保障研究者の村野将《むらのまさし》は、仮に在韓米軍が縮小されるようなことになった場合、極東における米軍司令部の役割の比重が在韓米軍から在日米軍に傾き、在日米軍司令官の階級の中将から大将への格上げ、朝鮮を含む独自の作戦責任領域の設定と域内の指揮権限の拡大などが検討される可能性もあると指摘する。あるいは、インド太平洋軍司令部がその機能を吸い上げることになるかもしれない。このような場合、アメリカ側から見た極東における同盟国との指揮権調整における日本の比重が高まることになると考えられる。

そこでの協力体制の在り方は、日本側の司令部機能の姿とも関わってくる。たとえば、現在制服組トップの統合幕僚長には、「自衛隊の一元的な運用者としての役割」と「文民政治指導者に対する軍事に関する専門的助言者」としての役割が集中している。これが過重な負担となっているとすれば、前者の機能を統合幕僚長から分離して、陸上総隊司令部、自衛艦隊司令部、航空総隊司令部を束ねる常設の「統合司令部」を設置し、アメリカ側やその同盟国とのカウンターパートとするといったような司令部機能の改編についての検討も引き続き課題となる。

また、現在の統合幕僚監部の対外調整機能の在り方、特に米韓連合軍司令部との関係構築は論点の一つであろう。たとえば朝鮮有事の一環として日本が北朝鮮からミサイル攻撃を受けた場合を想定すると、日米共同の反撃作戦と、米韓連合軍による対北朝鮮作戦は、別々の指揮命令系統でおこなわれるので、両者のすり合わせが重要になるとの指摘もある。

ただ、指揮権並列型を前提とした日米間の協力体制の円滑化や米韓同盟との連携の強化にとどまらず、さらに日米間の有事指揮権統一や連合司令部創設にまで進むと考えるのは、現状ではあまり現実的ではない。

つまるところ日米同盟は、米韓同盟や米英同盟などとは異なり、実戦を戦い抜いた経験がないのである。日米同盟における指揮権の望ましい在り方について、米韓同盟との関わりも念頭に、平素から考え方を整理しておくことが求められる。少なくとも、「指揮権密約は対米従属の証し」といった批判で思考停止してはならないし、逆に有事において自衛隊がなし崩し的にアメリカ軍の指揮下に置かれるようなこともあってはならないだろう。

さらに、台湾有事まで考慮に入れ、アメリカ軍が台湾救援のために軍事介入し、そこで海上自衛隊によるアメリカ海軍空母打撃群への参加や潜水艦による中国艦艇攻撃、航空自衛隊による航空優勢獲得作戦への参加などがなされることを想定した場合、有事指揮権が統一されていないアメリカ・日本・台湾のあいだでの連合作戦のスムーズな調整が課題となる。

NSC

最後に、NSCについてである。

NSCの創設により、少数の関係閣僚による機動的・実質的審議、そして内閣安全保障機構のスタッフ組織のトップの格上げや海外NSCのカウンターパートとしての立場の明確化、スタッフのマンパワーの増大などの成果があった。これにより、「縦割り」の弊害を軽減し、安全保障に関する内閣の主導性を高めることにつながっていると評価できる。特に今後「経済安全保障」などの分野で、NSCの役割はますます広がっていくことになるだろう。この点については、過去にも総合安全保障関係閣僚会議が存在していた。

ただ、NSCが安全保障政策の司令塔として実効的な役割を果たしていくうえでは、四大臣会合の幅広い審議事項を、九大臣会合のネガティブ・コントロール機能でぶち抜いてドーナツにする、という以外の制度設計の選択肢もおそらく考えられるであろう。

たとえば、ネガティブ・コントロールの発想に過度にとらわれず、四大臣会合を中核として任務ベースの柔軟な組織編成をおこなう、といった考え方もありうる。そこでは、事態対処など特化された問題に対する瞬時の対応が必要となる場合には、現在は九大臣会合の招集が必要であるのに対し、総理の判断で事態ごとにあらかじめ議員として定められた少数の関係閣僚が審議をおこなうこととする。逆に戦略策定のように、時間をかけて包括的におこなうべき議論については、総理の判断で議員を拡大して討議するなどである。

これに関連して、過去に例があったような、安全保障に関する立場に距離がある政党同士で連立政権が組まれるケースで、その距離感が九大臣会合の構成に反映される場合を想定すると、同会合が儀礼的な短時間の会合ではすまなくなるおそれがあることを見落としてはならないだろう。

また安全保障と危機管理の関係については、二〇一六年四月一四日の熊本地震への自衛隊の対応について四大臣会合が開催されたように、大規模な自然災害はNSCの審議事項とされるようになってきている。さらに近年では、グレーゾーンの事態に注意が向けられ、事態の推移に応じたシームレスな対応が重視されている。引き続きNSC・NSSと内閣危機管理部門のあいだでの緊密な連携を図っていくことが重要である。

文民統制の観点からは、NSCがネガティブ・コントロールに終始しない、ポジティブ・コントロールの司令塔であることが望まれる。NSCでは、統合幕僚長がブリーフィングなどを通じ文民政治指導者に対する軍事に関する専門的助言者としての役割を果たしている。またNSSへの自衛官の登用も増えてきている。このようにNSCが「政」と「軍」の接点あるいは協働の場として機能することが期待される。

なお日本の統治機構の建てつけ上、NSCが事実上の決定機関に近いものとなるためには、総理の強力なリーダーシップが必要になることも付言しておきたい。

あるべき日本の安全保障の姿

安全保障を考える際に重要なのは、やむをえない場合において、①いかに戦いを始め、②いかに勝利し、③いかに終結させるか、にあると考える。①の時点で、②や③のことが念頭に置かれていなくてはならない。

戦後日本は、まず①の「いかに戦いを始めるか」という点について、在日米軍の行動に制約をかけて巻き込まれを防止したり、自衛権発動の要件を極端に厳格化したりすることに腐心してきた。しかし特に中国の台頭により緊張感が増している現在においては、五条事態(日本有事)が発生した場合はもちろん、その前段階でもアメリカ軍による日本の基地の円滑な使用を確保し、日米両国が足並みをそろえた実効的な共同対処をとることや、日本として状況を正確に把握して、果断な意思決定をおこない、どのような事態でも迅速に行動に移すことが不可欠になる。

そもそも日米安保条約は、日米両国が共通の危険に対処するように行動する場合に「自国の憲法上の規定及び手続」に従うとしており、自動参戦義務を課すものとはなっていない。

そこで平素から日米間で、グレーゾーンの事態からの一連の展開のなかでの五条発動のイメージやそこでの具体的要領を詰め、認識を共有・アップデートしていかなくてはならない。

次に②の「いかに戦いに勝利するか」という観点から、防衛力整備や日米共同対処の在り方を不断に見直していくことが望まれる。この点については、日米間で共有された脅威認識の下、「運用上の要求にもとづく防衛力整備」という方向性をさらに推し進めていくべきであろう。また、日米共同対処における指揮権の在り方も、いかに勝利するかという点に大きく関わってくる。

最後に③の「いかに戦いを終結させるか」については、戦後日本の安全保障論議のなかで欠落してきた論点といえる。だが、かつての日本帝国の失敗は、まともな「出口戦略」を持たないまま、アメリカに戦いをしかけたことにある。出口戦略について、日米両国で認識を一致させることも含めて、議論を深めていくことが求められる。

このすべての過程で役割を果たすことが期待されるのがNSCである。グレーゾーンの段階から既に対応がとられることはもちろんだが、日本に対する武力攻撃事態あるいは存立危機事態が発生したと認定された場合には、国会の承認を得て、総理が自衛隊に防衛出動を下令する。そして日米両国の一致結束の下、自衛隊はその時までに構築してきた能力を発揮し、またアメリカ軍などと協力して、作戦を展開する。一連の過程のなかでNSCは、NSSの補佐を受けて、一種の「戦時内閣」的な役割を果たしていくことになる。そして脅威への対処・排除のみならず、戦時外交や、住民の避難・誘導、戦災者支援などを主導する。

戦争終結の局面においても、太平洋戦争中の最高戦争指導会議が、縦割り組織の利益代表者たちの会合にすぎず、ついに終戦の意思決定機能を果たせなかったのとは異なり、NSCが正確な意味での文民統制にもとづく国家としての政策決定に貢献できなければならない。

やむをえない場合において、いかに戦いを始め、いかに勝利し、いかに終結させるか。このすべてのプランニングがそろうことが、未然防止とともに安全保障戦略を構成し、ひるがえって抑止力の強化につながってくる。厳しさを増す国際安全保障環境のなかで、少子高齢化が進み、かつ経済規模の相対的な縮減が予想される日本が生き残りを図るためには、こうした問題に正面から向き合っていくことは抑止力強化の面からも避けられない。そのためには、本書が紹介したような同盟、法体系、防衛力の整備と運用の指針、組織などの安全保障の枢要な仕組みの歴史をひもとき、これらをからめとる問題に目を向けることが不可欠なのである。

あとがき

一九九〇年から一九九一年にかけて湾岸危機・湾岸戦争が起こった時、筆者は小学校六年生だった。

「国連安保理決議」にもとづいて「多国籍軍」が結成され、クウェートに侵攻したイラク軍を撃退する――。日々ニュースで伝えられる一連の展開は、いかなる戦争をも「絶対悪」とするいわゆる「平和教育」を受けてきた一小学生にとって衝撃的だった。

だが、ブラウン管テレビの映像で見る限り、この事態に際して大人たちがうまく日本の舵取りをしてくれているようには思えなかった。むしろ自衛隊派遣の是非を中心に、日本社会全体がどうしていいか分からず戸惑っている、そんな雰囲気だった記憶がある。子供ながらに、日本が世界においてけぼりにされているような、妙な感覚をおぼえた。そしてこの時の強い印象が、三〇年の歳月を経て、戦後日本の安全保障をめぐる問題をテーマとする本書執筆へと筆者を向かわせることになった。

さて、こうしたことを原点として、筆者がこれまで政治学を学び、特に外交や安全保障をテーマに研究してきたなかで、大事にしてきたことが二つある。

一つは、優等生的であるよりも、「面白い」と言ってもらえるような研究をすることである。何が面白い研究かは研究者のあいだでも意見が分かれるだろうが、筆者なりに考えると、「直感に反するよう（counterintuitive）な結論だが、実は妥当だ」という新たな見方を、実証的・論理的に提起することではないか、と思う。これまで書いてきたものについても、「目からウロコでした」という感想をいただけることがあり、その時が一番うれしい。少なくとも、事実の羅列に終始した「詳しい年表」のような研究とは一線を画してきたつもりである。

もう一つは、研究を、趣味としてではなく、問題意識とつながったものとして位置づけることである。この点、戦争も革命も起こらず、英雄も登場しない「敗戦国の平時の戦後史」を学ぶ意味は、現代的な政策課題とのつながりを意識することのなかに見出されるのではないかと、この時代の日本を生きる人間の一人として考えてきた。

本書もこの二点を常に念頭に置いて執筆したつもりだが、その成否は読者諸賢のご判断に委ねたい。現代の日本は、厳しさを増す国際環境のなかで多くの安全保障課題に直面している。こうした最新のトピックについて考えるにあたっても、本書が提示したような歴史的視点が示唆するところは少なくないと信じている。

なお、本書第3章と第5章で取り上げた防衛大綱とNSCについては、それぞれ別に専門書を刊行している。本書では新書という性格上、説明を簡略化せざるをえなかった部分もあるので、さらに詳しくお知りになりたい方はこちらを参照されたい。

・千々和泰明『安全保障と防衛力の戦後史　一九七一～二〇一〇──「基盤的防衛力構想」の時代』千倉書房、二〇二一年

・千々和泰明『変わりゆく内閣安全保障機構──日本版NSC成立への道』原書房、二〇一五年

こうして考えてみれば、本書は筆者にとって『大使たちの戦後日米関係──その役割をめぐる比較外交論　一九五二～二〇〇八年』(ミネルヴァ書房、二〇一二年)を上梓して以来五冊目の単著書となる。福岡を出て、広島、大阪、京都、東京で、またこの間ワシントンDCとニューヨークにて、数々の道場の門を叩いて自分なりに武者修業を重ね、今日まで研究を続けてこられたのは、多くの偉大な先生方や先輩方からのご指導と、尊敬すべき友人・後輩たちとの出会い、そして家族からの支えがあったからにほかならない。

御礼を申し上げるべき方々は数多くいらっしゃるが、特に本書との関連では、村田晃嗣《こうじ》先生、坂元一哉先生、金子将史先生、西原正《まさし》先生、山本吉宣《よしのぶ》先生、土山實男《じつお》先生、中西寛先生、渡邉昭夫先生、加賀谷貞司元陸将補、相澤淳《きよし》先生、中島信吾先生、高橋杉雄先生、船橋洋一先生、細谷雄一先生、鈴木一人先生、磯部晃一元陸将からいただいたご指導に感謝したい。

とりわけ、高見澤將林大使、徳地秀士先生、西野純也先生、高橋慶吉先生、鶴岡路人《みちと》先生には、本書執筆にあたり貴重なご示唆をいただいた。お名前を出すのは控えるが、日本と海外の現役の政府関係者の方々にも多くのご教示をたまわった。また庄司潤一郎先生、楠綾子先生、小谷哲男先生、板山真弓先生、佐竹知彦氏、石原雄介氏、浅見明咲《あさき》氏には、本書の草稿をお読みいただき、丁寧なコメントを頂戴した。さらに筆者が所属する防衛研究所の有志による内輪の研究会の場で本書の構想を報告し、主宰者の佐竹氏を始め同僚の皆さんと有益な意見交換をおこなうことができた。

ここで、主要参考文献リストの先学の業績、特に坂元先生、村田先生、兼原信克先生、中西先生、柴山太先生、田中明彦先生、佐道明広先生、楠先生、中島先生のご著作や、有識者会議の報告書に導いていただいたことを申し添える。加えて、インタビューに応じて下さった皆様、記録を残して下さっていた当時の関係者の方々にも御礼申し上げたい。

そして、もし本書の記述から日本の安全保障をめぐるリアリティを少しでも感じとっていただけた部分があったとすれば、それは内閣官房安危出向中に安全保障政策・危機管理の実務のイロハを教えて下さった皆様のおかげである。特に第5章の内容は、筆者自身が安危で日本版NSC創設に担当者として関わることがなければ、書くことができなかったはずのものである。

本書執筆にあたっては、前著『戦争はいかに終結したか――二度の大戦からベトナム、イラクまで』（中公新書、二〇二一年）に続き、再び中公新書の田中正敏編集長とタッグを組ませていただくことができた。今回も前著の時に劣らず、草稿に真剣に向き合って下さり、刊行まで導いて下さった田中編集長に御礼を申し上げる。

そして、小学生の長女と幼稚園児の長男・次男は、コロナ禍で外出の機会が減って気が滅入るなかで、家庭内を明るくしてくれるばかりか、執筆作業を応援してくれた。ありがとう。最後に、いつも自分より筆者と子供たちのことを優先してくれる妻に、変わらぬ感謝の気持ちを届けたい。

二〇二二年二月

千々和泰明

主要参考文献

『海原治関係文書』（国立国会図書館憲政資料室所蔵）
『宝珠山昇関係文書』（国立国会図書館憲政資料室所蔵）
『宝珠山昇関係文書（第二次受入分）』（国立国会図書館憲政資料室所蔵）
『大村襄治関係文書』（東京大学近代日本法政史料センター原資料部所蔵）
外務省「平和条約の締結に関する調書Ⅳ」〈https://www.mofa.go.jp/mofaj/annai/honsho/shiryo/archives/pdfs/heiwajouyaku2_06.pdf〉
外務省「平和条約の締結に関する調書Ⅴ」〈https://www.mofa.go.jp/mofaj/annai/honsho/shiryo/archives/pdfs/heiwajouyaku2_13.pdf〉
外務省「平和条約の締結に関する調書Ⅵ」〈https://www.mofa.go.jp/mofaj/annai/honsho/shiryo/archives/pdfs/heiwajouyaku3_05.pd〉
外務省「平和条約の締結に関する調書Ⅷ」〈https://www.mofa.go.jp/mofaj/annai/honsho/shiryo/archives/pdfs/heiwajouyaku5_16.pdf〉
防衛庁防衛庁史室『参事官会議議事要録（昭和51年）１／２』本館－４Ａ－０３４－００・平17防衛０１２１２１００（国立公文書館所蔵）
防衛庁防衛庁史室『参事官会議議事要録（昭和52年）１／２』本館－４Ａ－０３４－００・平17防衛０１２１４１００
首相官邸ウェブサイト〈https://www.kantei.go.jp/〉
内閣官房ウェブサイト〈https://www.cas.go.jp/〉
外務省ウェブサイト〈https://www.mofa.go.jp/mofaj/〉
防衛省ウェブサイト〈https://www.mod.go.jp/〉
衆議院・参議院『国会会議録検索システム』〈http://kokkai.ndl.go.jp/〉
国立国会図書館『帝国議会会議録検索システム』〈https://teikokugikai-i.ndl.go.jp/#/〉
政策研究大学院大学『データベース「世界と日本」』〈https://worldjpn.grips.ac.jp〉
民主党外交安全保障調査会NSC・インテリジェンス分科会「対外インテリジェンス能力強化を通じた戦略的国家への脱皮」（平成二三年七月七日）〈https://www.oonomotohiro.jp/sp/documents/

freecontents/nsc1.pdf〉
民主党内閣部門会議インテリジェンス・NSCワーキンググチーム「中間報告」(平成二四年八月二日)
〈https://www.oonomotohiro.jp/sp/documents/freecontents/nsc2.pdf〉
自由民主党憲法改正推進本部「憲法改正に関する議論の状況について」
〈https://jimin.jp-east-2.storage.api.nifcloud.com/pdf/constitution/news/20180326_01.pdf〉
総合安全保障研究グループ「総合安全保障研究グループ報告書」(一九八〇年七月二日)『データベース「世界と日本」』
〈http://www.ioc.u-tokyo.ac.jp/~worldjpn/documents/texts/JPSC/19800702.O1J.html〉
臨時行政改革推進審議会『行政改革の推進方策に関する答申』(昭和六〇年七月二二日)
防衛問題懇談会『日本の安全保障と防衛力のあり方――21世紀へ向けての展望』(一九九四年八月)
行政改革会議「行政改革会議最終報告」(一九九七年一二月三日)
〈http://www.kantei.go.jp/jp/gyokaku/report-final/〉
安全保障と防衛力に関する懇談会『安全保障と防衛力に関する懇談会報告書――未来への安全保障・防衛力ビジョン』(二〇〇四年一〇月)
国家安全保障に関する官邸機能強化会議「報告書」(平成一九年二月二七日)
〈http://www.kantei.go.jp/jp/singi/anzen/070227houkoku.pdf〉
安全保障の法的基盤の再構築に関する懇談会『報告書』(平成二〇年六月二四日)
防衛省改革会議「防衛省改革会議報告書――不祥事の分析と改革の方向性」(平成二〇年七月一五日)
〈http://www.kantei.go.jp/jp/singi/bouei/dai11/pdf/siryou.pdf〉
安全保障と防衛力に関する懇談会『安全保障と防衛力に関する懇談会報告書』(二〇〇九年八月)
いわゆる「密約」問題に関する有識者委員会「いわゆる『密約』問題に関する有識者委員会報告書」(二〇一〇年三月九日)
〈https://www.mofa.go.jp/mofaj/gaiko/mitsuyaku/pdfs/hokoku_yushiki.pdf〉
新たな時代の安全保障と防衛力に関する懇談会『新たな時代における日本の安全保障と防衛力の将来構想――「平和創造国家」を目指して』(二〇一〇年八月)
国家安全保障会議の創設に関する有識者会議「有識者会議における『国家安全保障会議』の運営についての指摘」(平成二五年五月二八日)
〈http://www.kantei.go.jp/jp/singi/ka_yusiki/dai6/siryou2.

pdf〉
安全保障の法的基盤の再構築に関する懇談会『報告書』（平成二六年五月一五日）
秋山昌廣『日米の戦略対話が始まった――安保再定義の舞台裏』亜紀書房、二〇〇二年
秋山昌廣（真田尚剛・服部龍二・小林義之編）『元防衛事務次官 秋山昌廣回顧録――冷戦後の安全保障と防衛交流』吉田書店、二〇一八年
明田川融『日米行政協定の政治史――日米地位協定研究序説』法政大学出版局、一九九九年
朝日新聞「自衛隊50年」取材班『自衛隊――知られざる変容』朝日新聞社、二〇〇五年
朝日新聞政治部取材班『安倍政権の裏の顔――「攻防 集団的自衛権」ドキュメント』講談社、二〇一五年
芦田均著・進藤榮一編『芦田均日記（5）――保守合同への道 吉田政権の崩壊』岩波書店、一九九二年
芦田均著・進藤榮一編『芦田均日記（6）――合同以後の政局（一）日ソ交渉前後』岩波書店、一九八六年
石井修・植村秀樹監修『アメリカ合衆国対日政策文書集成 アメリカ統合参謀本部資料 1948－1953』（15）柏書房、二〇〇〇年
磯部晃一『トモダチ作戦の最前線――福島原発事故に見る日米同盟連携の教訓』彩流社、二〇一九年
板山真弓『日米同盟における共同防衛体制の形成――条約締結から「日米防衛協力のための指針」策定まで』ミネルヴァ書房、二〇二〇年
一般財団法人アジア・パシフィック・イニシアティブ『新型コロナ対応民間臨時調査会 調査・検証報告書』ディスカヴァー・トゥエンティワン、二〇二〇年
伊奈久喜「首相は米国務長官の同格者？ サンフランシスコへ（51）日米外交60年の瞬間 第3部」『日本経済新聞』（電子版）二〇一二年八月四日付〈https://www.nikkei.com/article/DGXNASFK25026_W2A720C1000000/〉
井上正也『日中国交正常化の政治史』名古屋大学出版会、二〇一〇年
岩田清文・武居智久・尾上定正・兼原信克『自衛隊最高幹部が語る令和の国防』新潮社、二〇二一年
植村秀樹『再軍備と五五年体制』木鐸社、一九九五年
植村秀樹『自衛隊は誰のものか』講談社、二〇〇二年
ニコラス・エバースタット「人口動態と未来の地政学――同盟国の衰退と新パートナーの模索」『フォーリン・アフェアーズ・リポート』2019, No.7
大石眞『日本憲法史〔第二版〕』有斐閣、二〇〇五年
太田昌克『日米「核密約」の全貌』筑摩書房、二〇一一年
大嶽秀夫『日本の防衛と国内政治――デタントから軍拡

へ』三一書房、一九八三年
大嶽秀夫編・解説『戦後日本防衛問題資料集（1）――非軍事化から再軍備へ』三一書房、一九九一年
大森敬治『我が国の国防戦略』内外出版、二〇〇九年
小川伸一「軍事から見た日米同盟」西原正・土山實男編『日米同盟Q&A100――全貌をこの一冊で明らかにする』亜紀書房、一九九八年
海上自衛隊50年史編さん委員会編『海上自衛隊50年史 本編』防衛庁海上幕僚監部、二〇〇三年
加藤朗『日本の安全保障』筑摩書房、二〇一六年
加藤典洋『9条の戦後史』筑摩書房、二〇二一年
金子将史「いよいよ動き出した『日本版NSC』構想」『ワールド・インテリジェンス』Vol. 5（二〇〇七年三月）
金子将史「防衛大綱をどう見直すか」『PHP Policy Review』Vol.2, No.11（二〇〇八年一二月一〇日）
兼原信克『戦略外交原論』日本経済新聞出版社、二〇一一年
兼原信克『安全保障戦略』日本経済新聞出版、二〇二一年
我部政明「日米同盟の原型――役割分担の模索」『国際政治』135号（二〇〇四年三月）
我部政明『戦後日米関係と安全保障』吉川弘文館、二〇〇七年
我部政明「米韓合同軍司令部の設置――同盟の中核」菅英輝編著『冷戦史の再検討――変容する秩序と冷戦の終焉』法政大学出版局、二〇一〇年
キヤノングローバル戦略研究所外交・安全保障グループ「第12回PAC政策シミュレーション『日本版NSCは国家の危機に対応できるのか？』概要報告と評価」（二〇一二年一二月二七日）〈http://www.canon-igs.org/research_papers/PAC_report_No.12.pdf〉
金斗昇「国連軍司令部体制と日米韓関係――いわゆる朝鮮半島有事に焦点を合わせて」『立教法学』86号（二〇一二年一〇月）
近代日本史料研究会編『塩田章オーラルヒストリー』近代日本史料研究会、二〇〇六年
近代日本史料研究会編『佐久間一オーラルヒストリー』（上）近代日本史料研究会、二〇〇七年
楠綾子『吉田茂と安全保障政策の形成――日米の構想とその相互作用 1943～1952年』ミネルヴァ書房、二〇〇九年
宮内庁『昭和天皇実録』（9）東京書籍、二〇一六年
久保卓也「国防会議について」『防衛法研究』2号（一九七八年五月）
久保卓也遺稿・追悼集刊行会編『久保卓也遺稿・追悼集』久保卓也遺稿・追悼集刊行会、一九八一年

倉田秀也「日米韓安保提携の起源――『韓国条項』前史の解釈的再検討」日韓歴史共同研究委員会「第1期第3分科報告書」二〇〇三年
倉田秀也「米韓『未来連合司令部』構想とトランプ政権――変則的指揮体系の可能性と限界」『外交』Vol.54（二〇一九年三・四月）
栗山尚一（中島琢磨・服部龍二・江藤名保子編）『外交証言録 沖縄返還・日中国交正常化・日米「密約」』岩波書店、二〇一〇年
栗山尚一『戦後日本外交――軌跡と課題』岩波書店、二〇一六年
パトリック・クローニン、マイケル・グリーン「将来への戦略」マイケル・グリーン、パトリック・クローニン編（川上高司監訳）『日米同盟――米国の戦略』勁草書房、一九九九年
小宇佐昇「明確化された『基盤的防衛力構想』――『防衛計画の大綱』の特徴と課題」『国防』26巻1号（一九七七年一月）
古関彰一「日米会談で甦る30年前の密約（上）――有事の際、自衛隊は米軍の指揮下に」『朝日ジャーナル』23巻21号（一九八一年五月二二日）
古関彰一「日米会談で甦る30年前の密約（下）――なし崩しにすすむ指揮統一の既成事実化」『朝日ジャーナル』23巻22号（一九八一年五月二九日）
古関彰一『対米従属の構造』みすず書房、二〇二〇年
小林聡明「沖縄返還をめぐる韓国外交の展開と北朝鮮の反応」竹内俊隆編著『日米同盟論――歴史・機能・周辺諸国の視点』ミネルヴァ書房、二〇一一年
駒沢一夫「防衛論議の焦点――四次防、文民統制、沖縄、基地…」『立法と調査』50号（一九七二年八月）
後藤田正晴著・政策研究院政策情報プロジェクト監修『情と理――後藤田正晴回顧録』（下）講談社、一九九八年
五味洋治『朝鮮戦争は、なぜ終わらないのか』創元社、二〇一七年
崔慶原『冷戦期日韓安全保障関係の形成』慶應義塾大学出版会、二〇一四年
坂田道太『小さくても大きな役割』朝雲新聞社、一九七七年
坂元一哉『日米同盟の難問――「還暦」をむかえた安保条約』PHP研究所、二〇一二年
坂元一哉「新時代の日米同盟と地政学」防衛省防衛研究所編『歴史から見た日本の同盟』（戦争史研究国際フォーラム報告書）防衛省防衛研究所、二〇一六年
坂元一哉『日米同盟の絆――安保条約と相互性の模索〔増補版〕』有斐閣、二〇二〇年
阪本昌成『憲法1 国制クラシック【全訂第三版】』有信堂、二〇一一年

佐瀬昌盛『むしろ素人の方がよい――防衛庁長官・坂田道太が成し遂げた政策の大転換』新潮社、二〇一四年
佐竹知彦「日米豪の安全保障協力――『ハブ&スポークス』体制の変容?」『国際政治』206号(二〇二二年三月)
佐々淳行『わが上司 後藤田正晴――決断するペシミスト』文藝春秋、二〇〇二年
佐道明広『戦後日本の防衛と政治』吉川弘文館、二〇〇三年
佐道明広『戦後政治と自衛隊』吉川弘文館、二〇〇六年
佐道明広『自衛隊史――防衛政策の七〇年』筑摩書房、二〇一五年
真田尚剛『「大国」日本の防衛政策――防衛大綱に至る過程 1968~1976年』吉田書店、二〇二一年
信田智人『日米同盟というリアリズム』千倉書房、二〇〇七年
篠田英朗『集団的自衛権の思想史――憲法九条と日米安保』風行社、二〇一六年
信夫隆司『日米安保条約と事前協議制度』弘文堂、二〇一四年
柴山太『日本再軍備への道――1945~1954年』ミネルヴァ書房、二〇一〇年
柴山太「冷戦初期のイギリス連邦は国際システム上の『極』と見なし得るか?――化学兵器大国としての英国そして米軍部内での英連邦総力戦能力についての評価」『総合政策研究』47号(二〇一四年七月)
柴山太「アンザス条約体制形成へのイギリスの外交・戦略的アプローチ、1951年――西側軍事同盟網内での帝国防衛権益に貢献する条約・軍事戦略形成を求めて」『総合政策研究』56号(二〇一八年三月)
下斗米伸夫『日本冷戦史 1945~1956』講談社、二〇二一年
春畝公追頌会編『伊藤博文伝』(下)原書房、一九七〇年
神保謙「外交・安全保障――戦略性の追求」アジア・パシフィック・イニシアティブ『検証 安倍政権――保守とリアリズムの政治』文藝春秋、二〇二二年
末浪靖司『「日米指揮権密約」の研究――自衛隊はなぜ、海外へ派兵されるのか』創元社、二〇一七年
春原剛『同盟変貌――日米一体化の光と影』日本経済新聞出版社、二〇〇七年
春原剛『在日米軍司令部』新潮社、二〇〇八年
政策研究大学院大学COEオーラル・政策研究プロジェクト編『海原治オーラルヒストリー』(下)政策研究大学院大学、二〇〇一年
政策研究大学院大学COEオーラル・政策研究プロジェクト編『伊藤圭一オーラルヒストリー』(下)政策研究大学院大学、二〇〇三年

政策研究大学院大学COEオーラル・政策研究プロジェクト編『夏目晴雄オーラルヒストリー』政策研究大学院大学、二〇〇四年

政策研究大学院大学COEオーラル・政策研究プロジェクト編『大賀良平オーラルヒストリー』（1）政策研究大学院大学、二〇〇五年

政策研究大学院大学COEオーラル・政策研究プロジェクト編『宝珠山昇オーラルヒストリー』（下）政策研究大学院大学、二〇〇五年

政策シンクタンクPHP総研「国家安全保障会議検証」プロジェクト「国家安全保障会議――評価と提言」（二〇一五年一一月二六日）〈https://thinktank.php.co.jp/wp-content/uploads/2016/04/seisaku_teigen20151126.pdf〉

添谷芳秀『日本外交と中国 1945～1972』慶應義塾大学出版会、一九九五年

添谷芳秀『安全保障を問いなおす――「九条―安保体制」を越えて』NHK出版、二〇一六年

園田剛・島田純行・中川芳男・大森繁雄「国防会議・防衛6ヶ年計画・防衛産業について」『月刊自衛』3巻6号（一九五五年六月）

高品武彦「最近の軍事情勢と日本の防衛」渡辺徳義編集『80年代危機のシナリオと対応――第6回防衛トップセミナー講演・討論集』隊友会、一九八〇年

高橋慶吉『米国と戦後東アジア秩序――中国大国化構想の挫折』有斐閣、二〇一九年

高見澤將林「平和安全法制の制定がもたらしたもの――その背景、プロセス・特色と今後の課題」『国際安全保障』49巻4号（二〇二二年三月）

武田悠「日本の防衛政策における『自主』の論理――『防衛計画の大綱』策定を中心に」『国際政治経済学研究』17号（二〇〇六年三月）

武田悠『「経済大国」日本の対米協調――安保・経済・原子力をめぐる試行錯誤、1975～1981年』ミネルヴァ書房、二〇一五年

田中明彦『安全保障――戦後50年の模索』読売新聞社、一九九七年

田村重信・高橋憲一・島田和久編著『日本の防衛法制 第二版』内外出版、二〇一二年

千々和泰明「イラク戦争に至る日米関係――2レベルゲームの視座」『日本政治研究』4巻1号（二〇〇七年一月）

千々和泰明「『防衛力の在り方』をめぐる政治力学――第一次防衛大綱策定から第二次防衛大綱策定まで」『国際政治』154号（二〇〇八年一二月）

千々和泰明「日米『密約』有識者委員会報告書を読む」『防衛省防衛研究所NIDSコメンタリー』8号（二〇一〇年四月一四日）

〈http://www.nids.mod.go.jp/publication/commentary/pdf/commentary008.pdf〉
千々和泰明『大使たちの戦後日米関係――その役割をめぐる比較外交論 1952～2008年』ミネルヴァ書房、二〇一二年
千々和泰明「対テロ戦争と有志連合下の日米同盟――アフガニスタンとイラクをめぐる協力とその限界」簑原俊洋編『「戦争」で読む日米関係100年――日露戦争から対テロ戦争まで』朝日新聞出版、二〇一二年
千々和泰明「戦後日本の安全保障政策に関する分析枠組みとしての『防衛力整備／運用』――『限定小規模侵略独力対処』概念を手がかりに」『年報政治学』2014－I（二〇一四年六月）
千々和泰明『変わりゆく内閣安全保障機構――日本版NSC成立への道』原書房、二〇一五年
千々和泰明「未完の『脱脅威論』――基盤的防衛力構想再考」『防衛研究所紀要』18巻1号（二〇一五年一一月）
千々和泰明「朝鮮戦争『終結』、国連軍『解体』と日本への影響」『防衛省防衛研究所NIDSコメンタリー』80号（二〇一八年七月）
〈http://www.nids.mod.go.jp/publication/commentary/pdf/commentary080.pdf〉
千々和泰明「自衛隊と統治機構」細谷雄一編『軍事と政治 日本の選択――歴史と世界の視座から』文藝春秋、二〇一九年
千々和泰明「序論――平和安全法制を検証する」『国際安全保障』47巻2号（二〇一九年九月）
千々和泰明「日米同盟をめぐる『対等性』と『実効性』――安保改定60年」『防衛省防衛研究所NIDSコメンタリー』123号（二〇二〇年六月）
〈http://www.nids.mod.go.jp/publication/commentary/pdf/commentary123.pdf〉
千々和泰明「日米安保改定60年目の『物と人との協力』と『人と人との協力』」『防衛省防衛研究所NIDSコメンタリー』130号（二〇二〇年七月）
〈http://www.nids.mod.go.jp/publication/commentary/pdf/commentary130.pdf〉
千々和泰明「官邸の危機管理体制」一般財団法人アジア・パシフィック・イニシアティブ『福島原発事故10年検証委員会 民間事故調最終報告書』ディスカヴァー・トゥエンティワン、二〇二一年
千々和泰明「『米日・米韓両同盟』と『極東1905年体制』――サンフランシスコ講和・日米安保70年目の視点」『防衛省防衛研究所ブリーフィング・メモ』2021年7月号（二〇二一年七月）
〈http://www.nids.mod.go.jp/publication/briefing/pdf/2021/202107.pdf〉

千々和泰明『安全保障と防衛力の戦後史 1971～2010――「基盤的防衛力構想」の時代』千倉書房、二〇二一年
千々和泰明『戦争はいかに終結したか――二度の大戦からベトナム、イラクまで』中央公論新社、二〇二一年
ヴィクター・D・チャ（船橋洋一監訳・倉田秀也訳）『米日韓 反目を超えた提携』有斐閣、二〇〇三年
茶谷誠一『象徴天皇制の成立――昭和天皇と宮中の「葛藤」』NHK出版、二〇一七年
中馬清福『再軍備の政治学』知識社、一九八五年
辻田真佐憲『防衛省の研究――歴代幹部でたどる戦後日本の国防史』朝日新聞出版、二〇二一年
土屋大洋編著『アメリカ太平洋軍の研究――インド・太平洋の安全保障』千倉書房、二〇一八年
土山實男「日米同盟と日韓安全保障協力」大畠英樹・文正仁編『日韓国際政治学の新地平――安全保障と国際協力』慶應義塾大学出版会、二〇〇五年
東京財団『新しい日本の安全保障戦略――多層協調的安全保障戦略』（二〇〇八年一〇月）
東郷文彦『日米外交三十年――安保・沖縄とその後』中央公論社、一九八九年
徳地秀士「『日米防衛協力のための指針』からみた同盟関係――『指針』の役割の変化を中心として」『国際安全保障』44巻1号（二〇一六年六月）
冨澤暉「『防衛計画の大綱』の変遷」『防衛学研究』41号（二〇〇九年九月）
豊田祐基子『「共犯」の同盟史――日米密約と自民党政権』岩波書店、二〇〇九年
豊田祐基子『日米安保と事前協議制度――「対等性」の維持装置』吉川弘文館、二〇一五年
中島琢磨『沖縄返還と日米安保体制』有斐閣、二〇一二年
中島信吾『戦後日本の防衛政策――「吉田路線」をめぐる政治・外交・軍事』慶應義塾大学出版会、二〇〇六年
中西寛「日本の国家安全保障――歴史的条件から考える」遠藤誠治・遠藤乾責任編集『安全保障とは何か』岩波書店、二〇一四年
中村明『戦後政治にゆれた憲法九条――内閣法制局の自信と強さ』中央経済社、一九九六年
永井陽之助『冷戦の起源――戦後アジアの国際環境』(2) 中央公論新社、二〇一三年
西修『いちばんよくわかる！ 憲法第9条』海竜社、二〇一五年
西原正監修・朝雲新聞社出版業務部編『わかる平和安全法制――日本と世界の平和のために果たす自衛隊の役割』朝雲新聞社、二〇一五年
西村熊雄『サンフランシスコ平和条約・日米安保条約』

中央公論新社、一九九九年
西村繁樹『防衛戦略とは何か』ＰＨＰ研究所、二〇一二年
野添文彬『沖縄返還後の日米安保――米軍基地をめぐる相克』吉川弘文館、二〇一六年
長谷部恭男編『検証・安保法案――どこが憲法違反か』有斐閣、二〇一五年
波多野澄雄『歴史としての日米安保条約――機密外交記録が明かす「密約」の虚実』岩波書店、二〇一〇年
廣瀬克哉『官僚と軍人――文民統制の限界』岩波書店、一九八九年
樋渡由美『専守防衛克服の戦略――日本の安全保障をどう捉えるか』ミネルヴァ書房、二〇一二年
福永文夫『日本占領史　1945―1952――東京・ワシントン・沖縄』中央公論新社、二〇一四年
船橋洋一『同盟漂流』岩波書店、一九九七年
船橋洋一「国民安全保障国家論――緊急提言『ポスト・コロナ時代』の国家構想」（上）『フォーサイト』（二〇二一年九月二一日）〈https://www.fsight.jp/articles/-/48272〉
船橋洋一「国民安全保障国家論――緊急提言『ポスト・コロナ時代』の国家構想」（下）『フォーサイト』（二〇二一年九月二二日）〈https://www.fsight.jp/articles/-/48276〉
古川貞二郎「総理官邸と官房の研究――体験に基づいて」『年報行政研究』40号（二〇〇五年）
宝珠山昇「基盤的防衛力構想の産みの親？」『日本の風』1号（二〇〇五年三月）〈http://www1.r3.rosenet.jp/nb3hoshu/KibanBoUmioya20041213.htm〉
宝珠山昇「『基盤的防衛力』政策決定過程に関する一考察に対するコメント」（二〇一一年八月三日）『National Defense Observation Center』〈http://www1.r3.rosenet.jp/nb3hoshu/Kibantekibouеiryoku%20Bouken.html〉
細谷雄一『戦後史の解放Ⅰ　歴史認識とは何か――日露戦争からアジア太平洋戦争まで』新潮社、二〇一五年
細谷雄一『戦後史の解放Ⅱ　自主独立とは何か　前編――敗戦から日本国憲法制定まで』新潮社、二〇一八年
細谷雄一『戦後史の解放Ⅱ　自主独立とは何か　後編――冷戦開始から講和条約まで』新潮社、二〇一八年
防衛庁防衛研究所編『中村悌次オーラル・ヒストリー』（下）防衛庁防衛研究所、二〇〇六年
防衛省防衛研究所編『佐久間一オーラル・ヒストリー』（上）防衛省防衛研究所、二〇〇七年
防衛省防衛研究所編『内海倫オーラル・ヒストリー――警察予備隊・保安庁時代』防衛省防衛研究所、二〇〇八年

防衛省防衛研究所編「玉木清司オーラル・ヒストリー」防衛省防衛研究所編『オーラル・ヒストリー　冷戦期の防衛力整備と同盟政策（1）――四次防までの防衛力整備と日米安保体制の形成』防衛省防衛研究所、二〇一二年

防衛省防衛研究所編「森繁弘オーラル・ヒストリー」防衛省防衛研究所編『オーラル・ヒストリー　冷戦期の防衛力整備と同盟政策（2）――防衛計画の大綱と日米防衛協力のための指針（上）』防衛省防衛研究所、二〇一三年

防衛省防衛研究所編「石津節正オーラル・ヒストリー」防衛省防衛研究所編『オーラル・ヒストリー　冷戦期の防衛力整備と同盟政策（3）』防衛省防衛研究所、二〇一四年

防衛省防衛研究所編「三井康有オーラル・ヒストリー」防衛省防衛研究所編『オーラル・ヒストリー　冷戦期の防衛力整備と同盟政策（4）』防衛省防衛研究所、二〇一五年

防衛省防衛研究所編「寺島泰三オーラル・ヒストリー」防衛省防衛研究所編『オーラル・ヒストリー　冷戦期の防衛力整備と同盟政策（4）』

防衛省防衛研究所編『オーラル・ヒストリー　日本の安全保障と防衛力（5）――村木鴻二』防衛省防衛研究所、二〇一九年

防衛庁（省）『防衛白書』各年度版

防衛庁『防衛庁五十年史』防衛庁、二〇〇五年

防衛年鑑刊行会編『防衛年鑑』１９５７年度版、防衛年鑑刊行会、一九五七年

松田康博「内閣の安全保障・危機管理機能の強化に何が必要か」『外交』Vol. 5（二〇一一年一月）

松田康博編著『NSC国家安全保障会議――危機管理・安保政策統合メカニズムの比較研究』彩流社、二〇〇九年

松村孝省・武田康裕「１９７８年『日米防衛協力のための指針』の策定過程――米国の意図と影響」『国際安全保障』31巻4号（二〇〇四年三月）

真部朗「台湾シナリオと防衛政策決定における日本の課題」森本敏・小原凡司編著『台湾有事のシナリオ――日本の安全保障を検証する』ミネルヴァ書房、二〇二二年

道下徳成「戦略思想としての『基盤的防衛力構想』」石津朋之、ウィリアムソン・マーレー編『日米戦略思想史――日米関係の新しい視点』彩流社、二〇〇五年

道下徳成・東清彦「朝鮮半島有事と日本の対応」木宮正史編『朝鮮半島と東アジア』岩波書店、二〇一五年

三井康有「基盤的防衛力構想模索の頃」西廣整輝追悼集刊行会編『追悼集 西廣整輝』西廣整輝追悼集刊行会、一九九六年

宮崎弘毅「防衛二法制定のいきさつ」『国防』２８９号（一九七七年三月）
宮崎弘毅「防衛二法と国防会議」『国防』２９０号（一九七七年四月）
宮澤喜一『東京―ワシントンの密談』中央公論社、一九九九年
宮本吉夫『新保守党史』時事通信社、一九六二年
村田晃嗣「防衛政策の展開――「ガイドライン」の策定を中心に」『年報政治学』（一九九七年）
村田晃嗣『大統領の挫折――カーター政権の在韓米軍撤退政策』有斐閣、一九九八年
村田晃嗣『米国初代国防長官フォレスタル――冷戦の闘士はなぜ自殺したのか』中央公論新社、一九九九年
村野将「平和安全法制後の朝鮮半島有事に備えて――日米韓協力の展望と課題」『国際安全保障』47巻2号（二〇一九年九月）
室山義正『日米安保体制（下）――ニクソン・ドクトリンから湾岸戦争後まで』有斐閣、一九九二年
森聡「平和安全法制における法的事態とその認定について」「安全保障政策のリアリティ・チェック――新安保法制・ガイドラインと朝鮮半島・中東情勢」研究プロジェクト安全保障政策研究会『安全保障政策のリアリティ・チェック』日本国際問題研究所、二〇一七年
森本敏・高橋杉雄編著『新たなミサイル軍拡競争と日本の防衛――ＩＮＦ条約後の安全保障』並木書房、二〇二〇年
山口昇「在日米軍と自衛隊の指揮権の問題とは何か」西原正・土山實男監修、（財）平和・安全保障研究所編『日米同盟再考――知っておきたい１００の論点』亜紀書房、二〇一〇年
山下隆康「米軍の指揮統制関係」『防衛研究所紀要』21巻1号（二〇一八年一二月）
山本章子『米国と日米安保条約改定――沖縄・基地・同盟』吉田書店、二〇一七年
山本章子『日米地位協定――在日米軍と「同盟」の70年』中央公論新社、二〇一九年
吉田真吾『日米同盟の制度化――発展と深化の歴史過程』名古屋大学出版会、二〇一二年
吉次公介『日米安保体制史』岩波書店、二〇一八年
読売新聞戦後史班編『「再軍備」の軌跡』読売新聞社、一九八一年
李鍾元『東アジア冷戦と韓米日関係』東京大学出版会、一九九六年
「インタビュー（1）西廣整輝氏」1995, U.S.-Japan Project, Oral History Program, National Security Archive (Washington., D.C.)
〈http://www.gwu.edu/~nsarchiv/japan/nishihiro.pdf〉
「宝珠山昇氏インタビュー」1996, U.S.-Japan Project, Oral

History Program, NSA
〈http://www.gwu.edu/~nsarchiv/japan/hoshuyama.pdf〉

「丸山昂氏インタビュー」1996, U.S.-Japan Project, Oral History Program, NSA
〈http://www.gwu.edu/~nsarchiv/japan/maruyama.pdf〉

「藤井一夫インタビュー」1997, U.S.-Japan Project, Oral History Program, NSA
〈http://www.gwu.edu/~nsarchiv/japan/fujii.pdf〉

「鮫島博一氏」1997, U.S.-Japan Project, Oral History Program, NSA
〈http://www.gwu.edu/~nsarchiv/japan/samejima.pdf〉

Central File, General Record of the Department of States, Record Group 59, 1950-1973, U.S. National Archives II（College Park, Maryland）

Japan and the United States: Diplomatic, Security, and Economic Relations, Part I: 1960-1976, NSA

Japan and the United States: Diplomatic, Security, and Economic Relations, Part II: 1972-1992, NSA

U.S. Department of State, *Foreign Relations of the United States: 1947, General; The United Nations,* Vol. I
〈https://history.state.gov/historicaldocuments/frus1947v01〉

FRUS: 1949, The Far East: China, Vol. IX
〈https://history.state.gov/historicaldocuments/frus1949v09〉

FRUS: 1951, Asia and the Pacific Vol. VI, Part 1
〈https://history.state.gov/historicaldocuments/frus1951v06p1〉

FRUS: 1952-1954, China and Japan Vol. XIV, Part 2（D.C.: Government Printing Office, 1985）

FRUS: 1969-1976, Documents on East and Southeast Asia, 1973–1976 Vol. E-12
〈https://history.state.gov/historicaldocuments/frus1969-76ve12〉

Office of the Historian, Bureau of Public Affairs, U.S. Department of State, "History of the National Security Council 1947-1997," August 1997
〈http://www.fas.org/irp/offdocs/NSChistory.htm〉

U.S. Joint Chiefs of Staff, *Joint Publication 1: Doctrine for the Armed Forces of the United States*（March 25, 2013）
〈https://www.jcs.mil/Portals/36/Documents/Doctrine/pubs/jp1_ch1.pdf〉

U.S. JCS, *Joint Publication 3-16: Multinational Operations*（March 1, 2019）
〈https://www.jcs.mil/Portals/36/Documents/Doctrine/pubs/jp3_16.pdf〉

Commander in Chief, U.S. Pacific Command, *CINCPAC*

Command History, 1974, Vol. I
The White House website 〈https://www.whitehouse.gov/〉
U.S. Department of States website 〈https://www.state.gov/〉
U.S. Department of Defense website 〈https://www.defense.gov/〉
U.S. JCS website 〈https://www.jcs.mil/〉
NSA website 〈https://nsarchive.gwu.edu/〉
Federation of American Scientists website 〈https://fas.org/〉

Richard A. Best Jr., *The National Security Council: An Organizational Assessment* (D.C.: Congressional Research Service, 2011)
Cody M. Brown, *The National Security Council: A Legal History of the President's Most Powerful Advisers* (D.C.: Project on National Security Reform, Center for the Study of the Presidency, 2008)
Yasuaki Chijiwa, "Insights into Japan-US Relations on the Eve of the Iraq War: Dilemmas over 'Showing the Flag'," *Asian Survey* 45:6 (November/December 2005)
Christopher W. Hughes, "Japan's Strategic Trajectory and Collective Self-Defense: Essential Continuity or Radical Shift?," *Journal of Japanese Studies* 43:1 (winter 2017)
Karl F. Inderfurth and Loch K. Johnson, eds., *Fateful Decisions: Inside the National Security Council* (New York: Oxford University Press, 2004)
Institute for Military History, *The History of the ROK-US Alliance 1953-2013* (Institute for Military History, Ministry of National Defense, ROK, 2014)
Tsuyoshi Kawasaki, "Postclassical Realism and Japanese Security Policy," *Pacific Review* 14: 2 (2001)
Andrew L. Oros, *Japan's Security Renaissance: New Policies and Politics for the Twenty-First Century* (NY: Columbia University Press, 2017)
Sheila A. Smith, *Japan Rearmed: The Politics of Military Power* (Boston: Harvard University Press, 2019)

インタビューリスト

※敬称略。役職名は本書記載内容当時。匿名でインタビューに応じていただいた方々を除く。

秋山昌廣（二〇一三年二月一三日・東京）防衛庁防衛局長、防衛事務次官

石津節正（二〇一二年一一月八日・東京）統合幕僚会議事務局第三幕僚室指揮調整班員、のちに航空自衛隊幹部候補生学校長

主要参考文献

佐藤行雄（二〇一六年五月一九日・東京）外務省アメリカ局安全保障課長、のちに国連大使
髙見澤將林（二〇一二年一月一三日、二〇一六年九月二一日・東京）防衛庁長官官房企画官、米国防大学客員研究員、防衛局防衛政策課長、防衛局長、のちに内閣官房副長官補（事態対処・危機管理担当）・内閣官房国家安全保障局次長、軍縮会議大使
玉木清司（二〇〇九年一〇月二〇日・東京）防衛庁防衛局第一課部員、のちに防衛施設庁長官
日吉章（二〇一六年四月二〇日・東京）防衛庁防衛局長、防衛事務次官
三井康有（二〇一三年一一月一三日、一二月一一日・千葉）防衛庁防衛局防衛課部員、のちに内閣官房内閣安全保障室長
村木鴻二（二〇一七年一〇月五日・東京）航空幕僚長
渡邉昭夫（二〇一三年四月一五日・東京）「防衛問題懇談会」委員、青山学院大学教授
ジェームズ・E・アワー（二〇一二年一一月七日・東京）米国防総省日本部長

千々和泰明（ちぢわ・やすあき）

1978年生まれ．福岡県出身．2001年，広島大学法学部卒業．07年，大阪大学大学院国際公共政策研究科博士課程修了．博士（国際公共政策）．ジョージ・ワシントン大学アジア研究センター留学，京都大学大学院法学研究科COE研究員，日本学術振興会特別研究員（PD），防衛省防衛研究所教官，内閣官房副長官補（安全保障・危機管理担当）付主査などを経て，13年より防衛省防衛研究所主任研究官．この間，コロンビア大学東アジア研究所客員研究員．国際安全保障学会理事．

著書『大使たちの戦後日米関係』（ミネルヴァ書房，2012年）
『変わりゆく内閣安全保障機構』（原書房，2015年）
『安全保障と防衛力の戦後史 1971～2010』（千倉書房，2021年，第7回日本防衛学会猪木正道賞正賞）
『戦争はいかに終結したか』（中公新書，2021年）
など

戦後《せんご》日本《にほん》の安全《あんぜん》保障《ほしょう》
中公新書 *2697*

2022年5月25日発行

著　者　千々和泰明
発行者　松田陽三

本文印刷　暁印刷
カバー印刷　大熊整美堂
製　　本　小泉製本

発行所　中央公論新社
〒100-8152
東京都千代田区大手町1-7-1
電話　販売 03-5299-1730
　　　編集 03-5299-1830
URL https://www.chuko.co.jp/

Published by CHUOKORON-SHINSHA, INC.
Printed in Japan　ISBN978-4-12-102697-2 C1231

中公新書

政治・法律

h2

108 国際政治（改版） 高坂正堯
1686 国際政治とは何か 中西 寛
2190 国際秩序 細谷雄一
1899 国連の政治力学 北岡伸一
2574 戦争とは何か 多湖 淳
2652 戦争はいかに終結したか 千々和泰明
2621 リベラルとは何か 田中拓道
2410 ポピュリズムとは何か 水島治郎
2207 平和主義とは何か 松元雅和
2576 内戦と和平 東 大作
2195 入門 人間の安全保障（増補版） 長 有紀枝
2394 難民問題 墓田 桂
2629 ロヒンギャ危機―「民族浄化」の真相 中西嘉宏
2133 文化と外交 渡辺 靖
113 日本の外交 入江 昭

1000 新・日本の外交 入江 昭
2402 現代日本外交史 宮城大蔵
2611 アメリカの政党政治 岡山 裕
1272 アメリカ海兵隊 野中郁次郎
2650 米中対立 佐橋 亮
2405 欧州複合危機 遠藤 乾
2568 中国の行動原理 益尾知佐子
700 戦略的思考とは何か（改版） 岡崎久彦
2215 戦略論の名著 野中郁次郎編著
721 地政学入門（改版） 曽村保信
2566 海の地政学 竹田いさみ
2532 シンクタンクとは何か 船橋洋一
2697 戦後日本の安全保障 千々和泰明